《高等学校化学化工系列教材》

编写委员会

高等学校化学化工专业系列教材

GAODENG XUEXIAO HUAXUE HUAGONG ZHUANYE XILIE JIAOCAI

物理化学实验

玉占君　冯春梁　主编

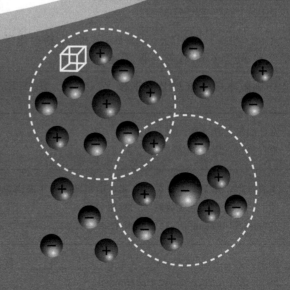

化学工业出版社

·北京·

本书包括绪论、基础实验、综合设计实验、创新实验和附录五个部分，共编排了 22 个实验。本书注重绿色化学的教学理念，将传统实验中有毒有害的试剂及实验方法进行了改进，以降低成本，减少环境污染，提高安全性，增强学生的环保意识。部分实验附有利用 Excel 和 Origin 处理物理化学实验数据的内容，并且将一些重要的实验技术和仪器原理及使用方法纳入相关实验的附录中。综合设计实验部分编排了与生产生活实际密切相关的 5 个实验。此外，还根据我校教师的最新科研成果编排了 6 个创新性实验。

本书内容新颖，叙述力求简洁，注重学生能力的培养，不仅可以作为高等院校化学、应用化学、化工、材料、生物、医学、药学、食品、环境等相关专业的物理化学实验教材，也可作为相关专业的实验人员和科技人员参考资料。

图书在版编目（CIP）数据

物理化学实验/玉占君，冯春梁主编．—北京：
化学工业出版社，2014.6（2024.7 重印）
高等学校化学化工专业系列教材
ISBN 978-7-122-20331-1

Ⅰ.①物… Ⅱ.①玉…②冯… Ⅲ.①物理化学-化学实验-高等学校-教材 Ⅳ.①O64-33

中国版本图书馆 CIP 数据核字（2014）第 071588 号

责任编辑：杜进祥　刘　丹
责任校对：陶燕华　　　　　　　　　　　　　　　装帧设计：韩　飞

出版发行：化学工业出版社（北京市东城区青年湖南街 13 号　邮政编码 100011）
印　　装：北京盛通数码印刷有限公司
787mm×1092mm　1/16　印张 10　字数 237 千字　　2024 年 7 月北京第 1 版第 7 次印刷

购书咨询：010-64518888　　　　　　售后服务：010-64518899
网　　址：http://www.cip.com.cn
凡购买本书，如有缺损质量问题，本社销售中心负责调换。

定　　价：32.00 元　　　　　　　　　　　　　　　　版权所有　违者必究

前言

物理化学实验是化学专业、应用化学专业及药学专业本科生的必修主干课程，是建立在普通物理实验、无机化学实验、分析化学实验、有机化学实验等实验课程基础上的一门综合性、研究性较强的化学实验课程，本课程将为化学及与化学相关专业的本科生的日后学习深造和工作奠定重要基础。

本书在内容编排上力求使学生在知识、能力、科学素养等方面协调发展。在加强基础训练的前提下，充分吸收了化学研究和实验教学改革的最新成果，将现代物理学、化学的新技术、新现象、新材料和新应用融入实验教学，以对本科生进行科学方法和科学思维的训练，努力提高学生发现问题、分析问题和解决问题能力。本书在吸收国内同类教材经典内容的同时，还具有以下特色。

① 更加注重绿色化学的教学理念，将传统实验中有毒有害的试剂及实验方法进行了改进，以降低成本，减少环境污染，提高安全性，增强学生的环保意识。例如，我们将"凝固点降低法测定摩尔质量"实验改成水和葡萄糖体系，将质子交换膜燃料电池引入实验教学，增加了酶催化的内容。

② 编排了利用 Excel 和 Origin 处理实验数据的内容。Excel 和 Origin 是目前应用非常广泛的数据处理软件，通过本课程的学习，可为学生较熟练的应用 Excel 和 Origin 技术提供更多的实训条件。

③ 增加了分子模拟实验内容，可使学生掌握 ChemOffice、Gaussian03、Gaussian view 等量子化学计算软件的使用方法，开阔学生的视野，培养学生的创新能力。

④ 注重学生创新能力的培养，对于每个实验都要求学生理解掌握其设计思想，尤其是相关测试方法的设计。

本书由玉占君、冯春梁主编，由孙越、邢娜、张文伟、王长生、孙琪等参与编写。其中实验一、三、四、六、七、九、十、十一、十五和附录由玉占君副教授执笔；绪论部分和实验二、十三、十四、十六、十七由冯春梁教授执笔；实验五、八、十二由孙越博士执笔；实验十八、十九、二十由孙琪教授执笔；实验二十一、二十二由王长生教授执笔。邢娜博士编写了利用Excel 和 Origin 软件处理物理化学实验数据的部分内容。张文伟高级实验师绘制了大部分插图，姜笑楠博士、刘翠博士、赵东霞教授、宫利东教授以及管云霞、王艳两位硕士研究生参加了校对工作，全书由玉占君和冯春梁统稿。在本书的编写过程中，参考了国内外的相关教材和文献，在此，我们向相关作者谨表谢意。

本书内容新颖，叙述力求简洁，注重学生能力的培养，不仅可以作为高等院校化学、应用化学、化工、材料、生物、医学、药学、食品、环境等相关专业的物理化学实验教材，也可作为相关专业的实验人员和科技人员的参考资料。本书的正式出版得益于化学工业出版社及辽宁省化学实验教学示范中心的支持，在此表示衷心的感谢。

限于编者水平，书中的疏漏在所难免，真诚希望读者不吝赐教，以便再版时得以更正。

编者

2014 年 4 月

目　录

第1章 | 绪 论

1.1 物理化学实验的目的和要求

1.1.1 学习物理化学实验课程的目的

物理化学实验是在无机化学实验、有机化学实验和分析化学实验基础上，独立开设的一门基础化学实验课，具有较强的综合性和研究性，对提高学生的创新意识和科学素养具有重要作用。物理化学实验课程的目的在于使学生了解物理化学的研究思路，掌握物理化学实验的基本方法、实验技术和常用仪器的构造原理及使用方法；了解近代大型仪器的性能及在物理化学中的应用；培养学生的动手能力、观察能力、查阅文献能力、思维能力、想象能力、表达能力和处理实验数据的能力等；学习现代信息技术在物理化学实验中的应用；培养学生勤奋学习、求真务实、勤俭节约的优良品质。同时，通过实验验证有关理论，巩固与加深对物理化学原理的理解，为今后从事科研工作打下必要的基础。

1.1.2 物理化学实验课程的要求

物理化学实验涉及化学领域中各分支所需的基本研究工具和方法，相对于先行实验课其难度明显加深，理论与实践结合更加紧密。此外，物理化学实验一般在高年级开设，学生已经具备了一定的理论基础和实验技能，为了提高学生的自学能力，培养学生的创新思维能力，教师应引导学生于实验前进行充分预习，明确实验的目的要求，搞清楚实验原理。实验原理一般包括两部分，一是基础理论，二是测试原理。测试原理对物理化学实验来讲是更为核心的内容，其中蕴含着前辈的设计思想，学生只有通过认真预习，才能真正理解所做实验的设计思想。如果学习领会了每个实验的设计思想，学生的创新思维能力将得到显著提升。为此，教师必须对学生进行正确、严格的基本操作训练并提出明确的要求。具体要求如下。

（1）实验课前，学生要认真仔细阅读实验讲义及相关参考资料，认真归纳总结，写出实验预习报告。预习报告应包括实验目的、实验原理、实验操作步骤、实验时注意事项、需测定的数据(设计表格)以及实验成功之关键等内容。

（2）进入实验室后，要认真核对仪器试剂，对不熟悉的仪器设备，应仔细阅读说明书，请教指导老师。仪器安装完毕，需经教师检查。

（3）实验开始前，指导老师首先要检查预习报告，并以讨论的方式检查学生的预习情况，检查学生对实验内容的了解程度，准备工作是否完成，经指导老师许可后方可开始实验操作。

（4）实验时应按教材和仪器使用说明进行操作，如有更改意见，须与指导教师进行讨论，经指导教师同意后方可进行。

（5）实验过程中，要仔细观察实验现象，规范操作实验仪器，严格控制实验条件，准确记录实验数据，要以严谨务实的科学态度、密切配合的团队精神，积极主动地分析实验现象，探索科学规律。

（6）实验数据应随时记录在记录本上，记录数据要详细、准确，且注意整洁、清楚，不得任意涂改。尽量采用表格形式，要养成良好的记录习惯。

（7）特殊仪器需向教师领取，完成实验后及时归还。

（8）公用仪器及试剂瓶不要随意变更原有位置，使用完毕要立即放回原处。

（9）对实验中遇到的问题要独立思考，设法解决。实在困难者则请指导教师帮助解决。

（10）实验结束后，要对仪器试剂进行认真整理，对实验室要认真清扫。

（11）实验数据必须经指导教师检查签字后，方可离开实验室。

1.1.3　实验报告

实验报告的规范书写是提高学生学术表达能力的重要教学环节，通过实验报告可以反映出一个学生的学习态度。学生应该在充分预习的基础上，明确实验目的，理解实验原理，尤其是测试原理。要明确实验的设计思想，例如，燃烧热的测定实验，首先从理论上搞清楚燃烧热的定义以及燃烧热与体系温度变化之间的关系，然后分析作者设计了什么样的有效方法对燃烧热进行准确测定。只有这样动脑分析，进入实验室后，才能心中有数，顺利完成实验操作，达到实验目的。学生书写实验报告时，一定要将相关内容认真地进行归纳总结，切忌抄书甚至抄报告。

报告内容包括实验目的、实验原理、仪器试剂、实验步骤、数据记录与数据处理和讨论六部分内容，其中讨论是很重要的一项内容，应从实验中所观察到的重要现象、实验结果的理论分析、关键操作步骤、改进实验方法的建议、仪器的使用及误差来源等方面进行认真讨论，最后应对自己的实验结果给出正确评价。

实验结束后，学生要在规定时间内独立完成实验报告。

1.1.4　实验室规则

为了保证实验室安全和实验的顺利进行，学生要严格遵守实验室规则。

（1）做实验时，必须穿实验服，佩戴防护镜。

（2）保持实验室安静，不得随意走动。

（3）遵守操作规则，遵守安全措施，保证实验安全进行。

（4）实验时应集中注意力，认真操作，仔细观察，积极思考，实验数据要详细、及时、直接记录在记录本上，实验结束后应由指导教师签字。

（5）注意整洁和卫生，废物放入指定容器，不能丢入水槽。

（6）节约用电、水和试剂等所有相关材料。

（7）实验完毕后应认真清理实验台面，清洗并核对仪器，若有损坏，应自觉报告登记，按赔偿制度规定赔偿。保持实验室的整洁，经指导教师同意后，方可离开实验室。

1.2　物理化学实验室安全知识

在化学实验室中，常常潜藏着爆炸、着火、中毒、灼伤、割伤、触电等危险，安全是首先要注意的问题。如何防止这些事故的发生以及万一发生又如何急救，是每一个化学实验工作者必须具备的素质。这些内容在先行的化学实验课中均已反复地作了介绍。本节主要结合物理化学实验的特点，介绍安全用电、安全使用化学药品等安全防护常识。

1.2.1 安全用电常识

违章用电常常可能造成人身伤亡、火灾、损坏仪器设备等严重事故。物理化学实验室使用电器较多，特别要注意安全用电。表 1-1 列出了 50 Hz 交流电通过人体的反应情况。

表 1-1 不同电流强度时的人体反应

电流强度/mA	1~10	10~25	25~100	100 以上
人体反应	麻木感	肌肉强烈收缩	呼吸困难,甚至停止呼吸	心脏心室纤维性颤动,死亡

为了保障人身安全，一定要遵守实验室安全规则。

1.2.1.1 防止触电

(1) 不用潮湿的手接触电器。

(2) 电源裸露部分应有绝缘装置(例如电线接头处应裹上绝缘胶布)。

(3) 所有电器的金属外壳都应接地保护。

(4) 实验时，应先连接好电路后才接通电源。实验结束时，先切断电源再拆线路。

(5) 修理或安装电器时，应先切断电源。

(6) 不能用试电笔去试高压电。使用高压电源应有专门的防护措施。

(7) 如有人触电，应迅速切断电源，然后进行抢救。

1.2.1.2 防止火灾

(1) 使用的保险丝要与实验室允许的用电量相符。

(2) 电线的安全通电量应大于用电功率。

(3) 若室内有氢气、煤气等易燃易爆气体，应避免产生电火花。继电器工作和开关电闸时，易产生电火花，要特别小心。电器接触点(如电插头)接触不良时，应及时修理或更换。

(4) 如遇电线起火，立即切断电源，用沙子或二氧化碳、四氯化碳灭火器灭火，禁止用水或泡沫灭火器等导电液体灭火。

1.2.1.3 防止短路

(1) 线路中各接点应牢固，电路元件两端接头不要互相接触，以防短路。

(2) 电线、电器不要被水淋湿或浸在导电液体中。

1.2.1.4 电器仪表的安全使用

(1) 在使用前，应先了解电器仪表要求使用的电源是交流电还是直流电，是高压电还是市电，还应注意要求的电压的大小(380V、220V、110V 或 6V)及直流电器仪表的正、负极。

(2) 仪表量程应大于待测量值。若待测量大小不明时，应从最大量程开始测量。

(3) 实验之前要检查线路连接是否正确，经教师检查同意后方可接通电源。

(4) 在电器仪表使用过程中，如发现有不正常声响，局部升温或电线烧焦的气味，应立即切断电源，并报告老师进行检查。

1.2.2 使用化学药品的安全防护

1.2.2.1 防毒

实验前，应了解所用药品的毒性及防护措施。操作有毒物质(如 H_2S、Cl_2、Br_2、NO_2、浓 HCl 和 HF 等)应在通风橱内进行。苯、四氯化碳、乙醚等有特殊气味，长时间接触会使人嗅觉减弱，容易引起中毒，应在通风良好的情况下使用。有些药品(如苯、汞等)能透过皮肤进入人体，应避免与皮肤接触。氰化物、高汞盐[$HgCl_2$、$Hg(NO_3)_2$ 等]、可溶性钡盐($BaCl_2$)、重金属盐(如镉、铅盐)、三氧化二砷等剧毒药品，应妥善保管，使用时要特别小心。

禁止在实验室内喝水、吃东西。饮食用具不要带进实验室，以防毒物污染，离开实验室要洗净双手。

1.2.2.2 防爆

可燃气体与空气混合，当两者比例达到爆炸极限时，受到热源(如电火花)的诱发，就会引起爆炸。一些气体的爆炸极限见表 1-2。为了防止爆炸事故发生，要做到以下几点。

表 1-2 与空气相混合的某些气体的爆炸极限(20℃，1 个大气压下)

气体	爆炸上限(体积分数)/%	爆炸下限(体积分数)/%	气体	爆炸上限(体积分数)/%	爆炸下限(体积分数)/%
氢	74.2	4.0	丙酮	12.8	2.6
乙烯	28.6	2.8	乙酸乙酯	11.4	2.2
乙炔	80.0	2.5	一氧化碳	74.2	12.5
苯	6.8	1.4	水煤气	72.0	7.0
乙醇	19.0	3.3	煤气	32.0	5.3
乙醚	36.5	1.9	氨	27.0	15.5

(1) 实验中，应尽量避免能与空气形成爆鸣混合气的气体泄漏在室内空气中，室内通风要良好。

(2) 操作大量可燃性气体时，严禁同时使用明火，还要防止发生电火花及其他撞击火花。

(3) 某些药品如叠氮铝、乙炔银、乙炔铜、高氯酸盐、过氧化物等受震和受热都易引起爆炸，使用时要特别小心。

(4) 严禁将强氧化剂和强还原剂放在一起。

(5) 久藏的乙醚使用前应除去其中可能产生的过氧化物。

(6) 进行容易引起爆炸的实验时，应有防爆措施。

1.2.2.3 防火

许多有机溶剂如乙醚、丙酮、乙醇、苯等非常容易燃烧，大量使用时室内不能有明火、电火花或静电放电。实验室内不可过多存放这类药品，用后要及时回收处理，不可倒入下水道，以免聚集引起火灾。有些物质如磷、金属钠、钾、电石及金属氢化物等，在空气中易氧化自燃，还有一些金属如铁、锌、铝等粉末，比表面大也易在空气中氧化自燃。这些物质要隔绝空气保存，使用时要特别小心。

实验室如果着火不要惊慌，应根据情况进行灭火，常用的灭火剂有：水、沙子、二氧化碳灭火器、四氯化碳灭火器、泡沫灭火器和干粉灭火器等。可根据起火的原因选择使用，以下是不能用水灭火的几种情况。

（1）金属钠、钾、镁、铝粉、电石、过氧化钠着火，应用干沙灭火。

（2）比水轻的易燃液体，如汽油、笨、丙酮等着火，可用泡沫灭火器。

（3）当有灼烧的金属或熔融物的地方着火时，应用干沙或干粉灭火器。

（4）电器设备或带电系统着火，可用二氧化碳灭火器或四氯化碳灭火器。

1.2.2.4 防灼伤

强酸、强碱、强氧化剂、溴、磷、钠、钾、苯酚、冰醋酸等都会腐蚀皮肤，特别要防止溅入眼内。液氧、液氮等低温也会严重冻伤皮肤，使用时要小心。万一灼伤应及时治疗。

1.2.3 汞的安全使用

汞是在 $-39℃$ 以上唯一能保持液态的金属，易挥发，其蒸气极毒。吸入汞蒸气会引起慢性中毒，其症状有：食欲不振、恶心、便秘、贫血、骨骼和关节疼、精神衰弱等。汞蒸气的最大安全浓度为 $0.01mg \cdot L^{-1}$，室温下，在空气中汞的蒸气含量为 $0.015mg \cdot L^{-1}$，超过安全浓度，所以必须严格遵守安全用汞的操作规定。

（1）不能将汞暴露在空气中，盛汞的容器应在汞面上加一定量的水。

（2）装有汞的仪器下面一律放置浅瓷盘，以防汞滴撒落到桌面上和地面上。

（3）一切转移汞的操作，也应在浅瓷盘内进行(盘内装水)。

（4）实验前要检查盛汞仪器是否放置稳固，橡皮管或塑料管连接处要缚牢。

（5）储存汞的容器要用厚壁玻璃器皿或瓷器。用烧杯暂时盛汞时，不可多装以防破裂。

（6）倘若汞撒落到桌面上或地面上，应利用吸汞管将汞珠尽可能收集起来，然后用硫黄粉盖在汞溅落的地方，并摩擦使之生成 HgS，也可用 $KMnO_4$ 溶液使其氧化。

（7）必须将擦过汞或汞齐的滤纸或布放在盛水的瓷缸内。

（8）盛汞器皿和装有汞的仪器应远离热源，严禁把盛汞仪器放进烘箱。

（9）使用汞的实验室应有良好的通风设备，应有下排风口。纯化汞应有专用的实验室。

（10）手上若有伤口，切勿接触汞。

1.2.4 高压钢瓶的使用及注意事项

1.2.4.1 气体钢瓶的颜色和标志

高压气体钢瓶常用的颜色和标志见表1-3。

1.2.4.2 气体钢瓶的使用常识

（1）在钢瓶上应装有配套的减压阀，并检查减压阀是否关紧，方法是逆时针旋转调压手柄至螺杆松动为止。

（2）打开钢瓶总阀门时，高压表显示出瓶内贮气总压力。

（3）慢慢地顺时针转动调压手柄，至分压表显示出实验所需压力为止。

（4）停止使用时，先关闭总阀门，待减压阀中残留气体泄光后，再关闭减压阀。

表 1-3　高压气体钢瓶常用的颜色和标志

充装气体名称	瓶色	字样	字色
乙炔	白	乙炔不可近火	大红
氢	淡绿	氢	大红
氧	淡(酞)蓝	氧	黑
氮	黑	氮	淡黄
空气	黑	空气	白
氩	银灰	氩	深绿
二氧化碳	铝白	液态二氧化碳	黑
氨	淡黄	液化氨	黑
氯	深绿	液化氯	白
液化石油工业用	棕	液化石油气	白
液化石油民用	棕	液化石油气	大红

1.2.4.3　注意事项

(1) 钢瓶应存放在阴凉、干燥、远离热源的地方。可燃性气瓶一律不准进入实验室内，并应与氧气钢瓶分开存放。

(2) 搬运钢瓶要小心轻放，要旋上钢瓶帽。

(3) 可燃气瓶(如 H_2、C_2H_2)气门螺丝为反丝，不可燃性或助燃气瓶(如 N_2、O_2)为正丝。各种压力表一般不可混用。

(4) 氧气钢瓶严禁与油类物质或易燃有机物接触(特别是气瓶出口和压力表上)。

(5) 开启总阀门时，不要将头或身体正对总阀门，防止阀门或压力表冲出伤人。

(6) 使用中的气瓶每三年应检查一次，装腐蚀性气体的钢瓶每两年检查一次，不合格的气瓶不可继续使用。

(7) 氢气钢瓶应放在远离实验室的专用气房内，用紫铜管引入实验室，并安装防止回火的装置。

(8) 钢瓶内气体不能全部用尽，要留下一些气体，以防止外界空气进入气体钢瓶，一般应保持 0.5MPa 以上的残留压力。

1.2.5　X射线的防护

人体组织被 X 射线照射后，对健康有严重危害。一般晶体 X 射线衍射分析所用的软 X 射线(波长较长、穿透能力较低)比医院透视用的硬 X 射线(波长较短、穿透能力较强)对人体组织伤害更大。轻者造成局部组织灼伤，如果长时期接触，可造成白血球下降，毛发脱落，发生严重的射线病。但若采取适当的防护措施，上述危害是可以防止的。最基本的一条是防止身体各部位(特别是头部)受到 X 射线照射，尤其是受到 X 射线的直接照射。因此要注意 X 光管窗口附近用铅皮(厚度在 1mm 以上)挡好，使 X 射线尽量限制在一个局部的小范围内，不让它散射到整个房间，在进行操作(尤其是对光)时，应戴上防护用具(特别是铅玻璃眼镜)。操作人员站的位置应避免直接照射。操作完，用铅屏把人与 X 光机隔开；暂时不工作时，应关好窗口，非必要时，人员应尽快离开 X 光实验室。室内应保持良好通风，以减少由于高电压和 X 射线电离作用产生的有害气体对人体的影响。

1.3　误差分析和数据处理

一般来说，物理化学实验都是定量实验，若想得到理想的实验结果，不仅要选择可靠的实验方法和一定精度的仪器进行测量，而且还必须将测得的数据进行科学处理。但是，由于仪器和视觉的限制，实验测得的数据都会存在一定误差。因此，无论是在实验之前估计测量所能达到的准确度，还是在实验后合理地进行数据处理，都必须具有正确的误差概念。通过误差分析，可寻找适当的实验方法，选用最适合的仪器及量程，给出测量的有利条件，评价实验结果的可靠性。

1.3.1　误差的概念与分类

物理化学量的测定可分为直接测量和间接测量，能够直接测得结果的为直接测量，如温度、压力、长度的测量及物质质量的称量等。若利用多个直接测量数据并通过公式计算才能得到所需结果的则称为间接测量，如摩尔质量、燃烧热、化学反应速率常数的测定等。物理化学实验中的测量大多属于间接测量。

1.3.1.1　真值和平均值

真值即真实值，是指在一定条件下，被测量客观存在的实际值。真值在不同场合有不同的含义。真值可分为理论真值和规定真值。理论真值也称绝对真值，如平面三角形内角之和等于180°。规定真值是国际上公认的某些基准量值，如米的定义为"米等于光在真空中1/299792458s时间间隔内所经路径的长度"。这个米基准就当作计量长度的规定真值。

对于被测物理量，真值通常是个未知量，由于误差的客观存在，真值一般是无法测得的。测量次数无限多时，根据正负误差出现概率相等的误差分布规律，在不存在系统误差的情况下，它们的平均值接近真值。故在实验科学中真值的定义为无限多次观测值的平均值：

$$x_{真} = \lim_{n\to\infty}\left[\frac{1}{n}\sum_{i=1}^{n}x_i\right] = \lim_{n\to\infty}\bar{x}$$

但实际测定的次数总是有限的，由有限次测量求出的平均值，只能近似地视为真值，可称此平均值为最佳值（或可靠值）。常用的平均值有下面两种。

（1）算术平均值　设 x_1、x_2、…、x_n 为各次的测量值，n 代表测量次数。其算术平均值为

$$\bar{x} = \frac{x_1 + x_2 + \cdots + x_n}{n} = \frac{1}{n}\sum_{i=1}^{n}x_i$$

这种平均值最常用。

（2）几何平均值

$$\bar{x}_{几何} = \sqrt[n]{x_1 \cdot x_2 \cdots x_n} = \sqrt[n]{\prod_{i=1}^{n}x_i}$$

1.3.1.2　误差的分类

根据误差产生的原因、作用规律和对实验结果产生的影响，可将误差分为系统误差、随

机误差和过失误差三种类型。

（1）系统误差　系统误差是由某些固定不变的因素造成的恒定偏差，其特点是恒偏大或恒偏小。当实验条件确定后，系统误差就是一个客观上的恒定值，多次测量的平均值也不能减弱它的影响。产生系统误差的原因通常有仪器误差、测量方法的问题以及个人习惯性误差。例如，仪器构造不够完善，示数部分的刻度不够准确，仪器零点偏移，试剂的纯度不符合要求，实验方法不完善或采用近似公式，记录某一信号的时间总是滞后，对颜色的感觉不灵敏或读数的姿势不正确等。

通常可以采取几种不同的实验技术、或采用不同的实验方法、或改变实验条件，校准仪器，提高试剂纯度等措施，确定系统误差的大小，然后使之消除或者减小。

（2）随机误差　在相同条件下进行多次测量，其每次测量结果的误差值是不确定的，时大时小，时正时负，没有确定的方向，这类误差称为随机误差或偶然误差。这类误差产生的原因不明，因而无法控制和补偿。

若对某一被测量进行足够多次的等精度测量，就会发现随机误差服从统计规律，这种规律可用正态分布曲线（图 1-1）表示，其函数形式为

$$y = \frac{1}{\sqrt{2\pi}\sigma}\exp\left(-\frac{x_i^2}{2\sigma^2}\right) \quad \text{或} \quad y = \frac{h}{\sqrt{\pi}}\exp(-h^2 x_i^2)$$

式中，h 为精密度指数；σ 为标准误差；$h = \dfrac{1}{\sqrt{2}\sigma}$；$x_i$ 为总体均值（即真值），总体均值也可以用 $\bar{x}$ 表示。由图 1-1 可以看出，以 $\bar{x}$ 为中心的正态分布曲线具有以下特征。

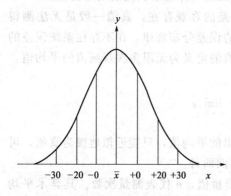

图 1-1　随机误差的正态分布曲线

① 对称性。正态分布曲线以 y 轴对称，绝对值相等的正偏差和负偏差出现的概率几乎相等。

② 单峰性。绝对值小的偏差出现的概率多，绝对值大的偏差出现的概率少。

③ 有界性。在一定测量条件下的有限次测量中，偏差不会超过一定界限。通过统计分析可计算出，偏差在 $\pm\sigma$ 内出现的概率是 68.3%，偏差在 $\pm 2\sigma$ 内出现的概率是 95.5%，偏差在 $\pm 3\sigma$ 内出现的概率是 99.7%，偏差 $> 3\sigma$ 出现的概率仅为 0.3%。因此，如果多次重复测量，误差绝对值大于 3σ 的数据可以舍弃。随着测量次数的增加，随机误差的算术平均值趋近于零，所以以多次测量结果的算术平均值将更接近于真值。

（3）过失误差　过失误差是一种与事实明显不符的误差，过失误差明显地歪曲实验结果。误差值可能很大，且无一定的规律。它主要是由于实验人员粗心大意、操作不当造成的，如读错数据、记错或计算错误、操作失误等。在测量或实验时，只要认真负责是可以避免这类误差的。存在过失误差的观测值在实验数据整理时应该剔除。

1.3.1.3　精密度和准确度

准确度是表示观测值与真值的接近程度，精密度是表示观测值相互之间的接近程度。测量结果的可靠性可以用误差评价，也可以用准确度来描述。精密度可反映出测量结果的重现性，即随机误差的影响程度，随机误差越小，则精密度越高。准确度反映了测量中所有系统

误差和随机误差的综合影响。

图 1-2 可以看出：图 1-2(a)的随机误差大，精密度、准确度都很差；图 1-2(b)的随机误差小，精密度很好，但准确度不好；图 1-2(c)的随机误差很小，精密度和准确度都很好。由此可以说明，一个精密度很好的测量结果，其准确度不一定很好，但要得到准确度很高的测量结果，一定要有高精密度的测量结果来保证。

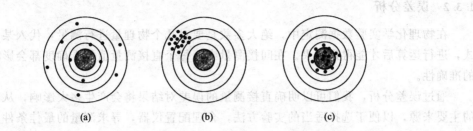

(a) (b) (c)

图 1-2　(a)、(b)、(c) 三组测量结果的精密度和准确度

准确度的定义为

$$\frac{1}{n}\sum_{i=1}^{n}|x_i - x_{真}|$$

一般可近似的用标准值（$x_{标}$）代替 $x_{真}$，所谓的标准值是指用其他更可靠的方法测出的值或载入文献的公认值。因此，准确度可近似的表示为

$$\frac{1}{n}\sum_{i=1}^{n}|x_i - x_{标}|$$

1.3.1.4　误差的不同表示方式

（1）绝对误差　绝对误差 d 是测量值（x_i）与真值（$x_{真}$）之间存在的差值，可表示为

$$d = x_i - x_{真}$$

精密度可以用平均误差表示，多次测量结果的平均误差为

$$\overline{d} = \frac{1}{n}\sum_{i=1}^{n}|x_i - \overline{x}|$$

（2）相对误差　一般以相对误差表示测量结果的精密度，相对误差是绝对误差与真值之比：

$$相对误差 = \frac{d}{x_{真}} \times 100\% = \frac{x_i - x_{真}}{x_{真}} \times 100\%$$

相对平均误差与相对误差不同，相对平均误差是平均误差与算术平均值（$\overline{x}$）的比值：

$$相对平均误差 = \frac{\overline{d}}{x} \times 100\%$$

（3）标准误差　用数理统计方法处理实验数据时，常用标准误差（σ，均方根误差）来衡量精密度：

$$\sigma = \sqrt{\frac{1}{n-1}\sum_{i=1}^{n}(x_i - \bar{x})^2}$$

用标准误差表示精密度能更好地说明测量结果的分散程度，因为单次测量结果的误差平方之后，较大的误差能更显著地反映出来。

1.3.2 误差分析

在物理化学实验数据测定中，绝大多数是要对几个物理量进行测量，代入某个函数关系式，进行运算后才能得到结果。在间接测量中，每个直接测量值的准确度都会影响最后结果的准确性。

通过误差分析，我们可以明确直接测量的误差对结果将会产生多大影响，从而找出误差的主要来源，以便于选择适当的实验方法，合理配置仪器，寻求测量的最佳条件。

1.3.2.1 仪器的精密度

仪器的精密度是影响实验结果的重要因素之一。因此，要根据误差分析结果选择适当精密度的仪器，不能盲目的使用精密仪器，如果使用几种仪器进行测试，要注意各种仪器精度的相互匹配。

数字式仪表的精密度一般由其显示的最后一位读数的一个单位来表示。如果没有精度标识，对于大多数仪器来说，最小刻度的 1/5 可以看作其精密度，如 1/10 温度计的测量误差为 $0.02℃$，分析天平为 $0.0002g$，50mL 滴定管为 $0.02mL$ 等。

1.3.2.2 间接测量结果的误差计算

设有物理量 N 由直接测量值 u_1，u_2，$\cdots$，u_n 求得，即

$$N = f(u_1, u_2, \cdots, u_n) \tag{1-1}$$

直接测量值的平均误差为：Δu_1，Δu_2，$\cdots$，Δu_n，对式(1-1) 进行全微分，得

$$\mathrm{d}N = \left(\frac{\partial N}{\partial u_1}\right)_{u_2, u_3, \cdots, u_n} \mathrm{d}u_1 + \left(\frac{\partial N}{\partial u_2}\right)_{u_1, u_3, \cdots, u_n} \mathrm{d}u_2 + \cdots + \left(\frac{\partial N}{\partial u_n}\right)_{u_1, u_2, \cdots, u_{n-1}} \mathrm{d}u_n \tag{1-2}$$

当各自变量的平均误差 Δu_i 足够小时，可代替它们的微分 $\mathrm{d}u_i$，并考虑最不利的情况下，直接测量的误差不能抵消，从而引起误差的累积，故取其绝对值。上式变为：

$$\Delta N = \left|\frac{\partial N}{\partial u_1}\right| |\Delta u_1| + \left|\frac{\partial N}{\partial u_2}\right| |\Delta u_2| + \cdots + \left|\frac{\partial N}{\partial u_n}\right| |\Delta u_n| \tag{1-3}$$

如果将 $N = f(u_1, u_2, \cdots, u_n)$ 两边先取对数，再求微分，得到最大相对平均误差传递公式：

$$\frac{\Delta N}{N} = \frac{1}{f(u_1, u_2, \cdots, u_n)}\left[\left|\frac{\partial N}{\partial u_1}\right| |\Delta u_1| + \left|\frac{\partial N}{\partial u_2}\right| |\Delta u_2| + \cdots + \left|\frac{\partial N}{\partial u_n}\right| |\Delta u_n|\right] \tag{1-4}$$

式(1-3)、式(1-4)分别是间接测量中最终实验结果的平均误差和相对平均误差的普遍公式。运用上式可以根据不同函数关系式进行误差传递的计算。

对于加法运算，设 $N = u_1 + u_2 + u_3$，其测量结果的最大相对平均误差为：

$$\frac{\Delta N}{N} = \frac{|\Delta u_1| + |\Delta u_2| + |\Delta u_3|}{u_1 + u_2 + u_3} \tag{1-5}$$

对于减法运算，设 $N = u_1 - u_2 - u_3$，则有

$$\frac{\Delta N}{N} = \frac{|\Delta u_1| + |\Delta u_2| + |\Delta u_3|}{u_1 + u_2 - u_3} \tag{1-6}$$

对于乘、除法运算，设 $N = u_1 \times u_2$ 或 $N = u_1/u_2$，则有

$$\frac{\Delta N}{N} = \frac{|\Delta u_1|}{u_1} + \frac{|\Delta u_2|}{u_2} \tag{1-7}$$

对于乘方、开方运算，如 $N = u^n$：

$$\frac{\Delta N}{N} = n\left|\frac{\Delta u}{u}\right| \tag{1-8}$$

1.3.2.3 误差分析应用

(1) 最大相对平均误差的计算

【例 1-1】 以苯为溶剂，用凝固点降低法测定萘的摩尔质量，用下式计算：

$$M_B = \frac{K_f \cdot m_B}{m_A(T_f^* - T_f)}$$

式中，K_f 为凝固点降低常数，其值为 $5.12\,℃ \cdot kg \cdot mol^{-1}$。直接测定量是：溶质的质量 $m_B = (0.2352 \pm 0.0002)g$，溶剂的质量 $m_A = (25.0 \pm 0.1) \times 0.879g$，测量凝固点时用贝克曼温度计，其精密度为 $0.002\,℃$。纯溶剂的凝固点 T_f^* 三次测量值分别为：3.569、3.570、3.571，溶液的凝固点 T_f 的三次测量值分别为：3.130、3.128、3.121，试计算萘的摩尔质量及其最大相对平均误差、平均误差以及测试结果的相对误差。

首先求出纯溶剂的凝固点的平均值：

$$\overline{T_f^*} = \frac{3.569 + 3.570 + 3.571}{3} = 3.570$$

其则平均误差为：

$$\Delta T_f^* = \pm \frac{0.001 + 0.000 + 0.002}{3} = \pm 0.001$$

同理求得，

$$\overline{T} = 3.126, \quad \Delta T = \pm 0.004$$

Δm_A 和 Δm_B 的确定可由仪器的精密度计算：

$$\Delta m_A = \pm 0.1 \times 0.879 \approx \pm 0.09$$

$$\Delta m_B = \pm 0.0002$$

由此，可求得测得的 M_B 的相对平均误差：

$$\frac{\Delta M_B}{M_B} = \frac{|\Delta m_B|}{m_B} + \frac{|\Delta m_A|}{m_A} + \frac{|\Delta T_f^* + \Delta T_f|}{\Delta T_f}$$

$$= \frac{0.0002}{0.2352} + \frac{0.09}{25.0 \times 0.879} + \frac{0.001 + 0.004}{3.570 - 3.126}$$

$$= \frac{0.0002}{0.24} + \frac{0.09}{22} + \frac{0.005}{0.44}$$

$$\approx 0.00083 + 0.0041 + 0.011$$

$$\approx 0.0049 + 0.011$$
$$\approx 0.005 + 0.011$$
$$= 1.6\%$$
$$\approx 2\%$$

$$M_B = \frac{1000 \times 0.2352 \times 5.12}{25.0 \times 0.879 \times (3.570 - 3.126)} = 123 g \cdot mol^{-1}$$

其平均误差为 $\Delta M_B = \pm 123 \times 2\% \approx \pm 2$，表明测试结果的最大误差应在 ± 2 以内。萘的摩尔质量的文献值为 $128.11 g \cdot mol^{-1}$，所以该实验结果应在 $126 \sim 130 g \cdot mol^{-1}$ 之间，超过这个范围，就说明操作过程有问题。

所述实验最终结果的相对误差为：

$$\frac{M_B - M_真}{M_真} \times 100\% = \frac{123 - 128}{128} \times 100\% = -0.039 \times 100\% \approx -4\%$$

说明实验结果偏低。

(2) 仪器的选择　用电热补偿法测定 KNO_3 在水中的溶解热，$\Delta H_{溶解} = \dfrac{MIVt}{m}$。$M$ 为 KNO_3 的分子量，电流 $I = 0.5 A$，电压 $V = 6 V$，时间 $t = 400 s$，KNO_3 的质量 $m = 3 g$。如果要把相对误差控制在 3% 以内，应选用什么规格的仪器？

实验结果的误差来源于 4 个直接测量量 I、V、t、m。可推导出误差传递公式：

$$\frac{\Delta(\Delta H_{溶解})}{\Delta H_{溶解}} = \frac{\Delta I}{I} + \frac{\Delta V}{V} + \frac{\Delta t}{t} + \frac{\Delta m}{m}$$

用秒表测量时间，误差不超过 1s，相对误差 $1/400 = 0.25\%$，溶质质量若用台秤称量，误差将大于 3%，若用分析天平，$0.0004/3$，误差在 0.02% 以下，所以，电流表和电压表的选择是本实验测量的关键，若要控制最大相对误差在 3% 以下，I、V 的相对误差都应控制在 1% 以下，因此应选用精度为 0.5 级的电流表和 1.0 级的电压表（准确度为最大量程值的 1%），且电流表的最大量程为 1.0A，电压表的最大量程为 5.0V。

$$\frac{\Delta I}{I} = \frac{1.0 \times 0.005}{0.5} = 1\%$$

$$\frac{\Delta V}{V} = \frac{5.0 \times 0.01}{4.5} \approx 1\%$$

(3) 测量过程最有利条件的确定　在利用惠斯通电桥（见图 1-3）测电阻定时，被测电阻可由下式计算：

$$R_x = R \frac{l_1}{l_2} = R \frac{L - l_2}{l_2}$$

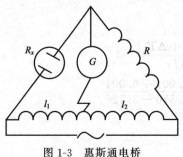

图 1-3　惠斯通电桥

式中，R 为已知电阻；L 是电阻丝全长；$L = l_1 + l_2$；间接测量值 R_x 的误差取决于直接测量值 l_2 的误差：

$$dR_x = \pm \left[\frac{\partial \left(R \dfrac{L - l_2}{l_2} \right)}{\partial l_2} \right] dl_2 = \pm \left(\frac{RL}{l_2^2} \right) dl_2$$

相对误差为：

$$\frac{dR_x}{R_x} = \pm \left[\left(\frac{RL}{l_2^2} \right) \frac{l_2}{R(L - l_2)} dl_2 \right] = \pm \left[\frac{L}{(L - l_2) l_2} dl_2 \right]$$

因为 L 为常数，所以当 $(L - l_2) l_2$ 为最大时，其相对误差最小。

$$\frac{d}{dl_2} [(L - l_2) l_2] = 0$$

故 $$l = \frac{1}{2} L$$

所以，用惠斯通电桥测定电阻，电桥上的接触点在中间时，测量误差最小。由测定电阻，可以求得电导，而电导的测定也是物理化学实验中常用的方法之一。

1.3.2.4 有效数字

在实验中，对任何物理量的测量，其准确度都是有限的。有效数字不仅能反映出一个物理量的大小，而且还能反映出测量的精密度。因为仪器仪表的精密度是有限的，故所测量或运算的结果也不应该超越仪器仪表所允许的精度范围。因此，准确掌握有效数字的概念和运算规则，才能有效反映出测量结果的真实性。

(1) 有效数字的表示方法　有效数字包括确定的数字和最后 1 位不确定的数字，也就是说有效数字只能保留 1 位可疑数字。例如：用最小分度为 1cm 的标尺测量两点间的距离，其结果为 9.140m，也可表示为 9140mm，914.0cm 或 0.009140km，虽然使用的测量单位不同，但都是 4 为有效数字，只是小数点位数不同。对于 9.140m、9140mm、914.0cm 这 3 个数字来讲，前 3 位数的测量都是准确的，而只有最后 1 位 "0" 是估读的，一般读数的最后 1 位有 ±2 个单位的误差，如 9.140m 可能是 9.138m，也可能是 9.142m。

有效数字的表示应注意非零数字前面的零和后面的零。0.009140km 前面的 3 个零不是有效数字，它与所用的单位有关，最后面的 "0" 就是有效数字。为了明确表达有效数字，通常用科学计数法，即用指数形式记数，如：9140mm 可记为 9.140×10^3 mm，0.009140 km 可记为 9.140×10^{-3} km。

(2) 有效数字的运算规则。

① 在运算过程中，若数值的首位数为 8 或 9，则有效数字可多算 1 位，例如 8.325 在运算过程中可看作为 5 位有效数字。

② 根据运算规则对有效数字进行取舍时，应用 "四舍六入五成双" 原则，所谓的 "四舍六入五成双" 就是当数字等于小于 4 时，应该舍去，大于 5 时，应该进位，等于 5 时，要根据与保留的有效数字的最后 1 位数是奇数还是偶数确定，若为奇数就进上去，使其变为偶数，若为偶数就舍去。例如，将 2.3654，2.3656，2.3655，2.3645，2.36451 皆保留 4 位有效数字，其结果依次为 2.365，2.366，2.366，2.364，2.365。

③ 加减法运算　有效数字进行加减法运算时，各数字小数点后所取的位数与其中位数最少者的相同。

④ 乘除法运算　进行相乘除运算时，其有效数字位数与各因子中有效数字位数最少者的相同。

⑤ 对数运算　对数的有效数字的位数应与其真数相同。如 lg100＝2.000

⑥ 在所有计算式中，常数 π、e 及因子（如 $\sqrt{2}$）和一些从手册查得的常数，可根据计算

式中需保留的其他有效数字的位数来确定，需要几位就取几位。

⑦ 表示误差的有效数字一般只取一位，最多取两位。如 1.87 ± 0.02；而 8954 ± 56 应表示为 $(8.95\pm0.06)\times10^3$。

⑧ 在复杂计算中，应分步计算，每一步都应按有效数字运算规则，对有效数字位数进行取舍。例如：

$$\frac{1860\times1.2311}{25.0\times(0.012+0.405)}=\frac{2290}{25.0\times0.417}=\frac{2290}{10.4}=220$$

⑨ 任何一次测量，都应记录到仪器刻度的最小估计读数。

1.3.3　实验数据处理

实验数据的正确表达有利于揭示实验结果的科学规律，一般表示实验数据中各变量间的关系有 3 种方法：列表法、图解法和数学方程式法。

1.3.3.1　列表法

将所测得的实验数据列成表格，以表示各变量间的对应关系。列表法简单方便，可直观地反映出各变量间递增、递减或周期性变化规律，同时也是图解法和经验公式法的基础。

实验前，应根据实验所要测试的数据设计原始数据记录表。原始数据记录表设计得是否规范完整，能够反映出学生的预习情况。实验结束后，当数据结果较多时，也应该列表归纳整理，这样有助于提高归纳总结能力，也便于他人阅读。列表法的基本要求：

① 数据表应有简明完整的名称；

② 每一行（或列）应有名称、数量、单位和因次；

③ 相同变量应排成一列，小数点要对齐，要注意有效数字的位数；

④ 选择的自变量如时间、温度、浓度等，应按递增排列；

⑤ 若表中数据有公共乘方因子，应将公共乘方因子写在栏头内。

1.3.3.2　图解法

所谓的图解法就是利用实验数据或计算结果作图，可从图上获得最大值、最小值、转折点、周期性和变化速率等重要特性，还可利用曲线求面积，做切线、进行内插和外推等数据处理，其最大优点是一目了然。图解法的广泛应用主要有以下几个方面。

（1）内插法　根据实验数据，做出变量间的关系曲线，然后在曲线上找出某一自变量对应的因变量值，或某一因变量对应的自变量值。例如，旋光法测定蔗糖水解反应速率常数的实验中，在旋光度随时间的变化曲线上，查出某一时刻所对应的旋光度值，以对直接读数的误差进行校正。

（2）外推法　某些情况下，可将因变量与自变量间的关系曲线外推至测量范围以外，求出某一变量值。例如，黏度法测定高聚物相对分子质量的实验中，利用外推法求得特性黏度。

（3）作切线求函数的微商　从曲线上的某一点作切线，其切线的斜率即为函数的微商。例如，在表面张力随表面活性物质浓度变化曲线上，可得到某一浓度点对应的表面张力对浓度的变化率，即函数的微商 $\left(\dfrac{\mathrm{d}\sigma}{\mathrm{d}c}\right)_T$。

（4）数学方程式法 若两个变量具有线性关系，即 $y = a + bx$，利用测得的实验数据作图，在直线上取两点计算直线的斜率 b，再将直线外推至纵轴，可得到截距 a，将 a、b 代入线性方程，便得到所测定的两个变量的经验公式。

此外，还可以利用图解法求积分面积、转折点和极值等。

综上所述，图解法具有广泛应用价值，但必须掌握作图技术，才能减小作图误差，保证实验结果的可靠性。作图的一般步骤和规则如下。

坐标纸的选择与坐标的确定 直角坐标纸最为常用，有时也用半对数坐标纸、三角坐标纸。选用直角坐标纸时，习惯上以自变量为横轴，因变量为纵轴。

作图时，需要有中等硬度(如 1H)铅笔、透明直尺、三角尺、曲线板等作图工具。

坐标轴比例尺的选择应遵循以下规则。

① 能表示出全部有效数字，使从图上读出的物理量的精密度与测量时的精密度一致。

② 方便易读，例如用坐标轴上 1cm 表示 1、2、5 或 1、2、5 的 10^n(n 可以是正、负整数，零)倍，应避免用 3、4、6、7、8、9 表示。

③ 在满足前两项要求的前提下，还应该考虑图的大小和充分利用图纸。坐标纸的大小与分度值的选择应与测量数据的精度相适应。分度过粗时，影响原始数据的有效数字，绘图精度将低于实验中参数测量的精度；分度过细时，会高于原始数据的精度，致使图纸太大。坐标分度值不一定自零起，可视情况而定，可用低于实验数据的某一数值作起点和高于实验数据的某一数值作终点，曲线以基本占满全幅坐标纸为宜，直线应尽可能与坐标轴成 45°，即横坐标与纵坐标的实际长度应基本相等。

④ 坐标轴应注明分度值、名称、量纲，坐标的文字书写方向应与该坐标轴平行。

⑤ 数据点要清晰，在同一图上表示不同数据时应该用不同的符号加以区别，如点、圆、矩形、叉等，但其大小应与其误差相对应。

⑥ 连曲线时要用适当的工具作图，曲线要清晰圆滑。由于每一个测量值总会存在误差，按测量数据所描的点不一定是真实值的正确位置。根据足够多的测量数据，完全有可能作出一平滑曲线，误差较大时，也不要做成折线，应使各数据点均匀地分布在曲线两侧。

⑦ 要注意坐标单位的表示方法，如 T/K 不应写为 T，K 或 $T(K)$，$\ln p/MPa$ 不应写成 $\ln p$，MPa 或 $\ln p(MPa)$ 等。

⑧ 应标明图的序号和名称，必要时还应标明实验条件。

1.3.3.3 数学方程式法

在实验数据处理过程中，经常需要对测量数据进行线性回归和曲线拟合，用以描述不同变量之间的关系，找出相应函数的系数，建立经验公式或数学模型。所得到的公式不可能完全准确地表达全部数据。因此，常把与曲线对应的公式称为经验公式，在回归分析中则称之为回归方程。

用数学公式表达实验数据，不仅可得到普遍的关系式，而且可以对公式进行必要的数学处理，以获得必需的数据结果。电子计算机技术的迅速普及，使实验数据的函数拟合变得非常方便。

建立经验公式或数学模型的步骤大致可归纳如下。

（1）作图 利用实验测得的变量值绘制曲线。

（2）对所描绘的曲线进行分析，确定公式的基本形式 如果数据点描绘的基本上是直线，则可用一元线性回归方法确定直线方程。如果数据点描绘的是曲线，则要根据曲线的特点判断曲线属于何种类型，判断时可参考现有的数学函数的曲线形状加以选择。

（3）函数的直线化　如果表达测量数据的曲线被确定为某种类型，尽可能将该曲线方程变换为直线方程，然后按一元线性回归方法处理。

（4）确定公式中的常量　代表测量数据的直线方程或经过直线化后的直线方程表达式为：

$$y = a + bx$$

可根据一系列测量数据用各种方法确定方程中的常量 a 和 b。

（5）检验所确定的公式的准确性　将测量数据中自变量值代入公式计算出函数值，看它与实际测量值是否一致，如果差别很大，说明所确定的公式基本形式可能有错误，则应建立另外形式的公式。

（6）如果测量曲线很难判断属何种类型，则可按多项式回归处理。

1.3.3.4　回归分析的基本原理和方法

若两个变量 y、x 之间存在一定的函数关系，则可通过实验所获得的一系列 y 和 x 数据，经数学处理的方法得出这两个变量之间的关系式，这就是回归分析，也称拟合。所得关系式称为经验公式、或回归方程、或拟合方程。

如果两变量 y 和 x 之间的关系是线性的，就称为一元线性回归或直线拟合。如果两变量之间的关系是非线性关系，则称为一元非线性回归或称曲线拟合。

直线拟合是函数拟合最简单的方法。该方法只需找出线性方程 $y = a + bx$ 中的截距 a 和斜率 b。获得 a、b 的方法通常可用粗略一点的方法，如作图法和平均值法，准确的方法是采用最小二乘法计算或应用计算机软件处理。

（1）作图法　把实验数据描绘在坐标纸上，根据数据点的情况画出一条直线，尽量让数据点均匀分布在直线两侧，然后在直线上取两点（注意两点的距离不要太近），根据两点的横坐标和纵坐标值计算出斜率 b 和截距 a。

（2）平均值法　当有多组较精密的实验数据时，把这些实验数据由小到大排列，平均分为两大组，分别取其平均值，将两组平均值分别代入方程 $y_i = a + bx_i$，建立一个二元一次方程组解得 a、b 值，其结果比作图法会更好一些。此外，也可以首先计算斜率值，即

$$b = \frac{y_2 - y_1}{x_2 - x_1} \tag{1-9}$$

然后将斜率值和一组平均坐标值代入方程 $y_i = a + bx_i$，求出 a 值。

（3）最小二乘法计算　用作图法进行线性拟合，方法简单，但带有一定的随意性，不够精密。将求得的 a、b 值代入拟合的公式计算出的 $y_{计算}$ 值与实验值 y_i 存在一定偏差（即残差）。对于要求较高的函数拟合，常采用最小二乘法。

最小二乘法的基本思想是残差平方和最小。所谓的残差，即 $(bx_i + a) - y_i$，其中 $bx_i + a$ 为计算值，即 $y_{计算} = bx_i + a$。

残差平方和为：

$$S = \sum_{n=1}^{x} \left[(bx_i + a) - y_i \right]^2 \tag{1-10}$$

根据函数的微分性质，当 S 最小时，则

$$\frac{\partial S}{\partial b} = 2b \sum_{i=1}^{n} x_i^2 + 2a \sum_{i=1}^{n} x_i - 2 \sum_{i=1}^{n} y_i x_i = 0 \tag{1-11}$$

$$\frac{\partial S}{\partial a} = 2b \sum_{i=1}^{n} x_i + 2an - 2 \sum_{i=1}^{n} y_i = 0 \tag{1-12}$$

由上两式联立方程，解得

$$b = \frac{\sum_{i=1}^{n} x_i \sum_{i=1}^{n} y_i - n \sum_{i=1}^{n} x_i y_i}{\left(\sum_{i=1}^{n} x_i\right)^2 - n \sum_{i=1}^{n} x_i^2} \tag{1-13}$$

$$a = \frac{\sum_{i=1}^{n} x_i \sum_{i=1}^{n} y_i x_i - \sum_{i=1}^{n} y_i \sum_{i=1}^{n} x_i^2}{\left(\sum_{i=1}^{n} x_i\right)^2 - n \sum_{i=1}^{n} x_i^2} \tag{1-14}$$

将实验数据代入式(1-13) 和式(1-14)，方可计算出较前两种方法更为准确的 a 值和 b 值。但应明确的是，测得的实验数据越多，就越符合统计规律，所得到的结果误差就越小。

利用最小二乘法进行手工计算，是非常麻烦的，但利用建立起来的数学模型式(1-13)和式(1-14)编辑计算机运算程序，用电脑计算就非常方便。利用 Excel、Origin 等数据处理软件都可以进行回归分析，无论是线性拟合，还是非线性拟合，电脑都会给出相关系数 R 值，即标准误差，$-1 \leqslant R \leqslant 1$，$|R|$ 值越接近 1，说明标准误差越小。

1.3.3.5 计算机软件应用

随着计算机的普及，熟练地利用计算机处理数据是当代科技人员必备的技能。在物理化学实验中，多数实验数据都可利用 Excel 或 Origin 等软件进行处理。由于 Excel 或 Origin 软件可将数据处理与制图相结合，使数据处理变得非常方便，获得的结果更为客观，而且对于不易变换为线性关系的实验数据，能很方便地用多项式拟合出解析式，便于进一步给出经验公式。有关 Excel 或 Origin 软件使用，将在相关的实验中介绍，在此不再赘述。但要求学生通过物理化学实验的数据处理，能较为熟练地掌握一些简单的 Excel 或 Origin 软件应用技术，为以后的学习深造和工作打下良好基础。

第 2 章 基础实验

实验一

燃烧热的测定

实验目的

1. 熟悉氧弹热量计构造、工作原理，掌握氧弹热量计的测量技术。
2. 用绝热氧弹热量计测量萘的燃烧热。
3. 学会用雷诺图解法校正温度，求温度改变值。
4. 掌握燃烧热的定义以及恒压燃烧热与恒容燃烧热的关系。

实验原理

根据热化学定义，可燃物质 B 的标准摩尔燃烧焓(燃烧热)是指在标准压力下，反应温度时，1mol 物质完全氧化(燃烧)时的反应热称为物质 B 的标准摩尔燃烧焓。

所谓完全氧化(燃烧)，对燃烧产物有明确规定，如 $C \rightarrow CO_2(g)$、$H \rightarrow H_2O(l)$、$Cl \rightarrow HCl$ (l)、$S \rightarrow SO_2(g)$、$N \rightarrow N_2(g)$、金属变成金属单质。

燃烧热分为恒容燃烧热 Q_V 和恒压燃烧 Q_p。氧弹式热量计(体积不变)测得的燃烧热为恒容燃烧热，由热力学第一定律可知：

$$\Delta_r H = \Delta_r U + \Delta(pV) \tag{2-1}$$

当非体积功等于零时，$Q_V = \Delta_r U$、$Q_p = \Delta_r H$。若把参加反应的气体和反应生成的气体都作为理想气体处理，则他们之间存在以下关系：

$$Q_p = Q_V + \Delta n R T \tag{2-2}$$

式中，$\Delta n = \sum n_g(产物) - \sum n_g(反应物)$；$R$ 为摩尔气体常数，$8.314 J \cdot K^{-1} \cdot mol^{-1}$；$T$ 为反应时的热力学温度($T/K = 273.15 + t/℃$；t 为环境温度，即热量计套筒的温度，亦即环境温度)。

热量计的种类很多，本实验所用的氧弹热量计是一种环境恒温式的热量计。氧弹的剖面图如图 2-1 所示。

氧弹热量计的基本原理是能量守恒定律。样品完全燃烧后所释放的能量使得氧弹本身及其周围的介质和热量计有关附件温度升高，通过测量介质在燃烧前后体系温度的变化值，就可求算该样品的恒容燃烧热。其关系式如下：

$$-\frac{m_{样}}{M}Q_V - lQ_1 = (m_水 C_水 + C_计)\Delta T = b\Delta T \tag{2-3}$$

式中，$m_{样}$ 和 M 分别为样品的质量和摩尔质量；Q_V 为样品的恒容燃烧热；l 是燃烧掉的铁丝长度；Q_l 是铁丝的单位长度燃烧热，$-2.9J \cdot cm^{-1}$；$m_水$ 和 $C_水$ 是以水作为测量介质时，水的质量和比热容；$C_{计}$ 为热量计的水当量（即除水之外，体系内其他部件升高 1℃所需的热量）；ΔT 为样品燃烧前后水温的变化值；b 为热量计常数 $[b=(m_水 C_水 + C_{计})]$，$J \cdot ℃^{-1}$。应当注意，只有当测定样品所用水的质量与用苯甲酸测定 b 值所用水的质量相同时，方可利用式(2-3)计算样品的 Q_V 值。

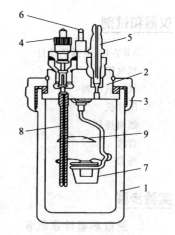

图 2-1　氧弹剖面图
1—厚壁圆筒；2—弹盖；3—螺帽；
4—进气口；5—排气口；6—电极；
7—燃烧杯；8—点火电极；
（同时也是进气管）；9—燃烧挡板

由于热量计与周围环境的热交换是无法完全避免的，因此需要用雷诺（Renolds）温度校正图对温度测量值进行校正。具体方法为：称取适量待测物质，估计其燃烧后可使水温上升 1.5～2.0℃。要预先调节盛水桶内的水温低于环境温度 1.0℃左右。实验操作结束后，将燃烧前后观察所测得的一系列水温对时间作图，可得如图 2-2 所示的曲线。图中 H 点意味着燃烧开始，热传入介质；D 点为观察到的最高温度值；从体系温度的 J 点作水平线交曲线于 I 点，过 I 点作垂线 ab，再将 FH 线和 GD 先分别延长并交直线 ab 于 A、C 两点，其间的温度差值即为经过校正的 $\Delta T(\Delta T=T_C-T_A)$。图中 AA' 是由于环境辐射和搅拌引进的能量所造成的升温，应予以扣除。CC' 是由于热量计向环境的热漏造成的温度降低，计算时必须考虑在内。故可认为，A、C 两点的差值较客观地表示了样品燃烧引起的升温数值。

在某些情况下，热量计的绝热性能良好，热漏很小，而搅拌器功率较大，不断引进的能量使得曲线不出现极高温度点，此时温度差值即为经过校正的 $\Delta T(\Delta T=T_C-T_A)$，如图 2-3 所示。

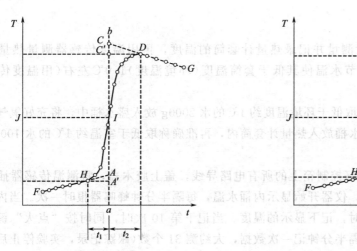

图 2-2　绝热稍差情况下的
雷诺温度校正图

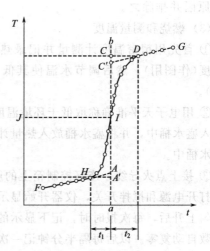

图 2-3　绝热良好情况下的
雷诺温度校正图

本实验采用 XRY-1A 型氧弹热量计来测量温度，其使用方法见本实验附录 1.1。

仪器和试剂

XRY-1A 氧弹热量计	1套		温度计(0~50℃)	1支
氧气钢瓶	1个		容量瓶(1000mL)	1只
氧气减压阀	1个		精密电子天平	1台
压片机	1台		0.1g 电子天平	1台
塑料烧杯	1个		引燃专用铁丝	
直尺	1把		苯甲酸(分析纯)	
剪刀	1把		萘(分析纯)	

实验步骤

1. 测量热量计常数 b

(1) 样品压片 用 0.1g 电子天平称取 0.9g 左右的苯甲酸,用压片机压片。用钢尺准确量取 22cm 的棉线、10cm(及时记录所量取的长度)引燃专用铁丝。用精密电子天平准确称量铁丝和棉线的质量,用已称好质量的棉线将苯甲酸片绕捆绑牢固(十字花形状),用已称好质量的铁丝从棉线和苯甲酸片之间穿过,用精密电子天平准确称其总质量,可得到苯甲酸的质量。

(2) 充氧气 旋紧氧弹放气阀门,用紫铜管将氧弹充气阀门与钢瓶减压器出口接通。先松开(逆时针旋转)钢瓶的总阀门,使高压表指针指向 10MPa 左右。缓缓旋紧减压器(顺时针旋转),使氧气充入氧弹内,使低压表示数为 2MPa,1min 后,观察低压表指针是否下降可判断氧弹是否漏气。若指针未下降,则表明氧弹不漏气,即可关闭减压器,将紫铜管与氧弹充气阀门连接的一端拆下。所有同学充氧气结束后,要将钢瓶的总阀门关闭。由于总阀门与减压器之间有余气,因此要再次旋紧减压器,放掉余气,然后再次关闭减压器,使钢瓶氧气表恢复原状。在充氧过程中,若发现异常,要查明原因并排除之。

(3) 燃烧和测量温度

① 首先用精密温度计测量并记录热量计套筒的温度,再用温度传感器测量热量计套筒温度(作图用),然后调节水温使其低于套筒温度(环境温度)1.0℃左右(用温度传感器测量)。

② 用电子天平准确称取低于环境温度约1℃的水 2000g 放入盛水桶中,将充好氧气的氧弹放入盛水桶中,并将盛水桶放入热量计套筒内,再准确称取低于室温约1℃的水 1000g 放入盛水桶中。

③ 接上点火导线,连好控制箱上的所有电路导线,盖上胶木盖,将测温传感器插入内桶。打开电源和搅拌开关,仪器开始显示内桶水温,每隔半分钟蜂鸣器报时一次。当内桶水温均匀上升后,每次报时时,记下显示的温度。当记下第 10 次时,同时按"点火"键,测量次数自动复零。以后每隔半分钟记一次数据,大约测31个数(跟踪记录,实验停止后,按"结束"键,仪器显示"零",然后按动"数据"键,点火后的数据可在仪器上重新逐个显示。实验者可以对实验记录的数据进行核对)。

④ 检查数据无误后,停止搅拌,取出温度传感器,打开桶盖(注意:先拿出传感器,再打开桶盖)。取出氧弹,旋松氧弹放气阀放掉氧弹内气体,打开氧弹,检查燃烧是否完全(若

燃烧不完全，氧弹内会有大量黑灰，需重新做），量取剩余铁丝的长度并记录。将盛水桶中的水倒入指定的桶中。

2. 测定萘的 Q_V

用 0.1g 电子天平称取 0.6g 左右的萘，测定萘的燃烧热，步骤同 1。

数据处理

1. 将测量苯甲酸和萘的原始数据分别列入实验前设计的表格中。
2. 雷诺图解法求出苯甲酸的 ΔT，并代入下式求出 b 值。

$$-\frac{m_{样}}{M}Q_V - lQ_1 = (m_{水}C_{水} + C_{计})\Delta T = b\Delta T$$

3. 求萘的 Q_V。由雷诺图解法求出萘的 ΔT 代入下式求出萘的 Q_V。

$$-\frac{m_{样}}{M}Q_V - lQ_1 = b\Delta T$$

4. 求萘的 Q_p。由萘的 Q_V 值计算萘的 Q_p，要求写出萘的燃烧反应方程式。

思考题

1. 固体样品为什么要压成片状？
2. 在量热学测定中，为什么要利用雷诺(Renolds)温度校正图对温度测量值进行校正？
3. 讨论本实验的误差来源，如何使实验的误差降到最小？
4. 本实验的设计思想有哪些方面值得借鉴？

文献值

几种物质燃烧热的文献值见表 2-1。

表 2-1　几种物质燃烧热的文献值

恒压燃烧焓	$kcal \cdot mol^{-1}$	$kJ \cdot mol^{-1}$	$J \cdot g^{-1}$	测定条件
苯甲酸	-771.24	-3226.9	-26460	$p^{\ominus}$，20℃
蔗糖	-1348.7	-5643	-16486	$p^{\ominus}$，25℃
萘	-1231.8	-5153.8	-40205	$p^{\ominus}$，25℃

参考文献

[1] Shoemaker D P，Garland C W，Nibler J W. Experiments in physical chemistry. 5th edn. New York：McGraw-Hill Book company，1989.
[2] 北京大学化学系物理化学教研室. 物理化学实验. 第3版. 北京：北京大学出版社，1995：40.
[3] Weast R C. CRC Handbook of Chemistry and Physics. 66th. Boca Raton：CRC Press，1985：272.
[4] 印永嘉. 物理化学简明手册. 北京：高等教育出版社，1988.
[5] 朱京，陈卫，金贤德，等. 液体燃烧热和苯共振能的测定，化学通报，1984，(3)：50.

附录 1.1 XRY-1A 型氧弹热量计使用说明

1.1.1 XRY-1A 型氧弹热量计

XRY-1A 型氧弹热量计见图 2-4。

图 2-4 XRY-1A 型氧弹热量计
1—水银温度计；2—搅拌电机；3—温度传感器；
4—翻盖手柄；5—手动搅拌柄；6—氧弹体；7—控制面板

1.1.2 XRY-1A 型氧弹热量计控制器面板

控制器面板(见图 2-5)上设置有电源、搅拌、数据、结束、点火、复位六个电子开关按键和七位数码管，能对样品热值测定进行全过程操作和温度显示。其中左边两位数字代表测温次数，右边五位代表测量的实际温度，本仪器测温范围为 10~35℃。

图 2-5 XRY-1A 型氧弹热量计控制器面板

1.1.3 仪器使用方法

(1) 开机后，只要不按"点火"键，仪器逐次自动显示温度数据 100 个，测温次数从

00→99 递增，每半分钟一次，并伴有蜂鸣器的鸣响，此时按动"结束"键或"复位"键能使显示测温次数复零。

（2）按动"点火"键后，氧弹内点火丝得到约 24V 交流电压，从而烧断点火丝，点燃坩埚中的样品，同时，测量次数复零。以后每隔半分钟测温一次并贮存测温数据共 31 个，当测温次数达到 31 后，测温次数就自动复零(实验时，点火后最多读 31 个数，读完第 31 个数后按"结束"键)。

（3）按"结束"键，仪器显示全零，然后按动"数据"键，点火后的测量温度数据重新逐一在五位数码管上显示出来。实验者可以与实验时记录的温度数据(注：电脑贮存的数据是蜂鸣器鸣响的那一秒的温度值)进行核对。当操作人员每按一次"数据"键，被贮存的温度数据和测温次数自动逐个显示出来，方便实验者进行核查测温记录。

附录 1.2 燃烧热的测定数据计算机处理方法

1.2.1 雷诺校正图的绘制

打开 Origin 软件，在工作表的 A(X1) 和 B(Y1) 分别录入检测时间及所对应的温度值，然后添加三列表格并录入数据，并设置为 C(X2)、D(Y2)、E(Y2)，将 A(X1) 中的数据(时间 t)复制到 C(X2) 分别将点火前期的数据和燃烧后期的数据录入 D(Y2)、E(Y2)，并与与 C(X2) 中的 t 相对应，如图 2-6 所示。

选中工作表中的所有数据，单击工作表左下方的点线图标，便得到体系温度随时间的变化曲线，如图 2-7 所示。其实这条曲线有三部分组成，系统自动默认三条曲线为 1—Data1A(X)，

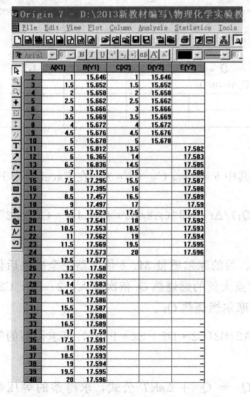

图 2-6 Orgin 工作表

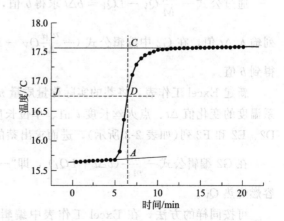

图 2-7 苯甲酸的雷诺校正图

B(Y)；2—Data1C(X)，D(Y)；3—Data1C(X)，E(Y)。再分别对前期、后期的两段曲线（2、3）进行线性拟合并作延长线。具体操作方法：单击 Data 菜单，选中曲线2，再单击 Analysis 菜单下的 Fit Linear 选项，此时数据2中的数据线性拟合完毕；单击 Analysis 菜单下 Fit Polynomial 弹出对话框，将 Order 设为1，将横坐标最大值（Fit curve Xmax）设为5，单击 OK 按钮，此时曲线2的延长线处理完毕[曲线3数据的线性拟合过程同曲线2，在制作延长线部分中将横坐标最小值（Fit curve Xmin）设为0]。在 Origin 工作图标左侧的工具栏中选中 ⊿ 按钮并按住 Shift 键，作一条通过 J 点（环境温度）平行于 x 轴的直线，与温度变化曲线交于 D 点，再通过 D 点作垂直于横轴的直线，并与两条延长线交于 A、C 两点，这样就可以用工具栏中 + 按钮，可获取两点纵坐标数据，方可求得校正后的温差值（Δt）。曲线的修改可首先双击曲线（或点），然后在对话框 Group 菜单下选中 Independent 选项逐一修改相应的图标大小、线条粗细与颜色。

1.2.2 用 Excel 处理苯甲酸和萘的实验数据

打开 Excel 软件，分别将苯甲酸的实际称量质量 m 和摩尔质量 M、苯甲酸的等容燃烧热 Q_V、点火丝长度 l、单位长度点火丝的燃烧热 Q_l 以及 Δt 值依次填入 Excel 表的 A2、B2、C2、D2、E2 和 F2 列（如表 2-2 所示）。

表 2-2 以苯甲酸为标准样品计算水当量

	A	B	C	D	E	F	G
1	$m_{苯甲酸}$/g	$M_{苯甲酸}$/(g·mol^{-1})	Q_V/(J·mol^{-1})	Q_l/(J·cm^{-1})	l/cm	Δt/℃	b
2		1				1	0
3							

通过公式 $-\dfrac{m_{样}}{M}Q_V - LQ_l = b\Delta t$ 求得 b 值，其中 $b = (m_{水}C_{水} + C_{计})$。在 Excel 表中 F2 列输入 Δt 值，在 G2 中编辑公式 $(-\dfrac{m_{样}}{M}Q_V - LQ_l)/\Delta t$，即"(A2/B2*C2—D2*C2)/F2"，得到 b 值。

新建 Excel 工作表，将萘的实际称量质量 m、萘的摩尔质量 M、b 值、萘完全燃烧后体系温度的变化值 Δt、点火丝长度 l' 值、单位长度点火丝的燃烧热 Q_l 依次填入 A2、B2、C2、D2、E2 和 F2 列（如表 2-3 所示），进而求出萘的摩尔燃烧热 Q_V。

在 G2 编辑公式 $-\dfrac{M}{m_{样}}(b\Delta t + LQ_l)$，即"—A2/B2(C2*D2+E2*F2)"，可求得萘的等容燃烧热 Q_V。

可按同样的方法，在 Excel 工作表中编辑 $Q_p = Q_V + \Delta nRT$ 公式，求得萘的等压燃烧热 Q_V。

表 2-3 萘的摩尔燃烧热 Q_V 的计算

	A	B	C	D	E	F	G
1	$M_\text{萘}/(\text{g}\cdot\text{mol}^{-1})$	$m_\text{萘}/\text{g}$	b	$\Delta t/℃$	$Q_1/(\text{J}\cdot\text{cm}^{-1})$	l'/cm	$Q_V/(\text{J}\cdot\text{mol}^{-1})$
2		1					0
3							

实验二

凝固点降低法测定葡萄糖的摩尔质量

实验目的

1. 掌握凝固点测定技术。
2. 利用凝固点降低法测定葡萄糖的摩尔质量。
3. 通过实验加深理解稀溶液的依数性。

实验原理

在一定压力下，液态物质的凝固点为固液两相达成平衡时的温度，溶液的凝固点为固体溶剂与溶液两相达成平衡时的温度。溶液的凝固点低于纯溶剂的凝固点。根据稀溶液的依数性，向溶剂中加入非挥发性溶质后，稀溶液的凝固点降低值仅取决于所含溶质分子的数目。对于理想溶液，稀溶液的凝固点降低值与溶液成分的关系有范特霍夫凝固点降低公式给出。

$$\Delta T_\text{f} = \frac{R(T_\text{f}^*)^2}{\Delta_\text{f} H_\text{m}(\text{A})} \times \frac{n_\text{B}}{n_\text{A}+n_\text{B}} \tag{2-4}$$

式中，ΔT_f 为凝固点降低值；T_f^* 为纯溶剂的凝固点；$\Delta_\text{f} H_\text{m}(\text{A})$ 为纯 A 的摩尔凝固热；n_A 和 n_B 分别为溶剂和溶质的物质的量。当溶液浓度很稀时，$n_\text{A} \leqslant n_\text{B}$，则

$$\Delta T_\text{f} = \frac{R(T_\text{f}^*)^2}{\Delta_\text{f} H_\text{m}(\text{A})} \times \frac{n_\text{B}}{n_\text{A}} = \frac{R(T_\text{f}^*)^2}{\Delta_\text{f} H_\text{m}(\text{A})} \times M_\text{A} m_\text{B} = K_\text{f} m_\text{B} \tag{2-5}$$

式中，M_A 为溶剂的摩尔质量；m_B 为溶质的质量摩尔浓度；K_f 即称为质量摩尔凝固点降低常数。

如果已知溶剂的凝固点降低常数 K_f，并测得此溶液的凝固点降低值 ΔT_f，以及溶剂和溶质的质量 m_A、m_B，则溶质的摩尔质量由下式求得

$$M_\text{B} = K_\text{f} \frac{m_\text{B}}{\Delta T_\text{f} m_\text{A}} \tag{2-6}$$

应该注意，如果溶质在溶液中有解离、缔合、溶剂化和配合物形成等情况时，不能简单地运

用式(2-6)计算溶质的摩尔质量。显然，溶液凝固点降低法可用于溶液热力学性质的研究，例如电解质的电离度、溶质的缔合度、溶剂的渗透系数和活度系数以及无机化合物的结晶水数等。

图 2-8 是水的步冷曲线和葡萄糖溶液的步冷曲线。通过水的步冷曲线可以看出，将凝固点管插入到 -3℃ 的寒剂中后，体系温度逐渐降低（A—B），当温度降低至高于溶剂粗测凝固点 0.5℃（B 点处）时，将凝固点管从寒剂中取出放入空气套管中，温度缓慢下降（B—C），在温度低于溶剂粗测凝固点 -0.2℃ 左右时，加入一颗小冰粒作为晶种，促使溶剂结晶，由于结晶放出凝固热，使体系温度回升（C—D），当固液两相共存时，温度不再改变，此时的平衡温度即为溶剂的凝固点（D—E）。因此，在测量水的凝固点时，当贝克曼温度计的温度不变时，记录该温度即为水的凝固点。

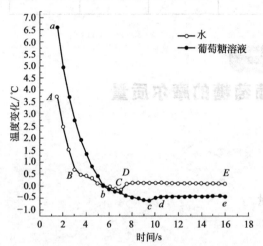

图 2-8　水和葡萄糖溶液的步冷曲线

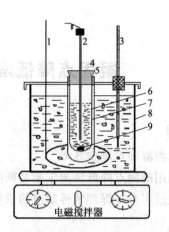

图 2-9　凝固点降低法测摩尔质量改进装置图

1—寒剂搅拌器；2—贝克曼温度计；
3—温度计；4—小胶塞；5—双口塞；
6—凝固点管；7—空气套管；8—浴槽；9—磁子

通过葡萄糖溶液的步冷曲线可以看到类似的现象，将凝固点管插入到 -3℃ 的寒剂中以后，体系温度逐渐降低（a—b），当温度降低至高于溶液的粗测凝固点 0.5℃（b 点处）时，将凝固点管放入空气套管中，温度缓慢下降（b—c）至过冷，在温度低于溶液粗测凝固点 -0.2℃ 左右时，加入晶种，促使溶液析出溶剂晶体，体系温度回升（c—d），达到最高温度（d 点）后，体系温度又开始下降（d—e）。其原因可根据稀溶液的依数性解释：随着溶剂的析出，溶液的浓度逐渐增大，凝固点逐渐降低。因此，可将温度回升后到达的最高温度作为溶液的凝固点。

实验过程中应注意准确观察读取最高温度（D 点），因为稀溶液经过冷温度回升到最高温度后，体系温度下降很缓慢。

仪器和试剂

SWC-LG 凝固点实验装置	SWC-ⅡC 数字式贝克曼温度计
电子分析天平	温度计
移液管（25mL）	葡萄糖（分析纯）
蒸馏水	NaCl

实验步骤

1. 葡萄糖的脱水处理

将一定量葡萄糖放入105℃烘箱中，烘干8h，以去掉结晶水。将烘干后的葡萄糖放入磨口瓶中密封保存，待用。用分析天平准确称量1.3g左右葡萄糖，用于摩尔质量测定。

2. 溶剂凝固点的测定

打开凝固点实验装置和数字式贝克曼温度计电源(示意图见图2-9)，进行预热，以保证实验数据的稳定。用食盐、冰、水调节寒剂温度为－3℃，将洁净干燥的空气套管放入寒剂中，用胶塞塞在管口，使管内温度降低。用温度计测量蒸馏水的温度并记录。用移液管向清洁、干燥的凝固点管内加入25.00mL蒸馏水，同时将清洗干净的磁子放入凝固点管内，将凝固点管插入寒剂中，调节磁子的搅拌速度，使磁子在凝固点管底部快速转动，充分搅拌溶液。将贝克曼温度计探头用酒精擦洗干净后，插入凝固点管并塞紧胶塞，使贝克曼温度计探头固定在凝固点管的中央并靠近凝固点管底部位置。观察凝固点管中贝克曼温度计的温度变化，当温度达到最低点后，又开始回升，回升到最高点后又开始下降，然后趋于平衡。记录平衡时的温度，即为蒸馏水的粗测凝固点。

取出凝固点管，用手捂热，使管中固体完全融化，再将凝固点管直接插入寒剂中，使溶剂较快冷却，当溶剂温度降至高于粗测凝固点0.5℃时，取出凝固点管，迅速擦干后放入空气套管中，使水温均匀而缓慢地降低。当温度降到低于近似凝固点0.2℃时，通过胶塞上的大孔（不用时用小胶塞塞紧）向溶剂中加入一粒小绿豆粒大小的冰粒作为晶核，促使固体析出。仔细观察温度回升后贝克曼温度计的变化，直至稳定，此即为水的凝固点，记录该温度。重复上述操作三次，记录每次所测的纯水的凝固点，且保证水的凝固点之间相差在±0.003℃以内。

3. 溶液凝固点的测定

取出凝固点管，使管中的冰完全融化，加入已知质量的葡萄糖样品，按溶剂凝固点的测定方法进行测定，但溶液凝固点是取过冷后温度回升所达到的最高温度。重复测定3次，取其平均值。保证葡萄糖的凝固点之间相差在±0.003℃以内。

数据处理

1. 将所得数据列表记录。
2. 根据水的密度公式计算25mL水的质量。
3. 计算葡萄糖的摩尔质量。
4. 计算葡萄糖的摩尔质量测定结果的相对误差。

思考题

1. 利用凝固点降低这一稀溶液的依数性可以解决哪些实际问题？
2. 如何用凝固点降低这一稀溶液的依数性解释寒剂的控温作用？
3. 控制溶液的过冷深度都有哪些方法？
4. 溶液过冷太甚对实验结果有何影响？

参考文献

[1] 傅献彩，沈文霞，姚天扬.物理化学下册，第4版.北京：高等教育出版社，1990.

[2] 孙越，刘懿，冯春梁. 介绍一个绿色物理化学实验——凝固点降低法测定葡萄糖的摩尔质量. 大学化学，2007 （04）：44-46.

实验三
气相色谱法测定非电解质溶液的热力学函数

实验目的

1. 用气相色谱法测定环己烷在邻苯二甲酸二壬酯溶液中的无限稀释活度系数，并求出偏摩尔溶解焓、偏摩尔超额溶解焓和摩尔汽化焓。

2. 进一步熟悉掌握气相色谱仪的工作原理、基本构造和气相色谱仪的正确操作技术。

3. 了解气相色谱法在化学热力学方面的一些应用。

实验原理

气相色谱法是用气体作流动相的色谱方法，是分离分析应用最广泛的一种技术。气相色谱有两个相，即流动相和固定相。固定相可以是固体吸附剂，也可以是涂敷在惰性多孔担体上的液体。流动相（又称为载气）是一些不会与固定相和待测样品发生化学反应的气体。显然，试样（或称第三组分）在两相间的分配情况与试样和固定相之间相互作用的热力学和动力学性质密切相关。试样由流动相带动通过大比表面积的固定相的空隙，并在气相和固定相之间进行反复多次连续的热力学分配，利用试样中各组分之间性质的微小差异，达到分离的目的，从而可测定无限稀释的非电解质溶液热力学函数。

利用脉冲进样方法可以测定某些溶液体系的热力学函数。作为溶质的色谱试样通过进样口进入色谱仪后，部分留于气相，部分溶解在色谱柱固定液中与固定液组成溶液。随着载气的流动，经过一段时间后溶质样品将被带出色谱柱。图 2-10 就是一个较为理想的色谱图。图中 t_d 处的峰意味着色谱仪的气路上有"死空间"存在。真正的样品峰则出现在 t_r 处。本实验选用氮气作为流动相（载气）。

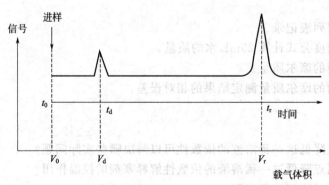

图 2-10　脉冲进样色谱示意图

从溶质进样到检测器出现浓度极大值所需的时间 t_r 称为保留时间。以皂膜流量计测得的载气流量 F 乘以 t_r 即为保留体积 V_r。F 与 t_d 的乘积 V_d 则称为死体积，它与溶解过程无关，而只与色谱仪的进样器、色谱柱和检测器这三部分的空间大小有关。所以 t_r 与 t_d 之差表征了溶质的溶解或溶液的性质。另一方面，应以色谱柱内载气的流速 F_c 来讨论保留体积才较合理。然而，从色谱柱的性质可知，柱内压力是柱长的函数，因而柱内各部位的实际流量也不是常量，对此可用压力校正因子 j 加以校正。如再考虑其他因素的影响，则应以单位质量固定液上样品比保留体积 V_g^0 来表示，才能真正反映溶质与作为溶剂的固定液之间相互作用的特性：

$$V_g^0/(\mathrm{dm^3 \cdot kg^{-1}}) = (t_r - t_d)j\frac{(p_0 - p_w)}{p_0} \times \frac{273}{T_r} \times \frac{F}{m_1} \tag{2-7}$$

式中，

$$j = \frac{3}{2} \times \frac{[(p_i/p_0)^2 - 1]}{[(p_i/p_0)^3 - 1]} \tag{2-8}$$

T_r 为皂膜流量计所处的温度（T_r＝室温＋273.15），K；p_i、p_0、p_w 分别为色谱柱前压力、出口压力（大气压力）以及 T_r 时水的饱和蒸气压；m_1 为固定液质量。

若溶质在气、液两相的浓度分别用不同的概念来定义，则273K时溶质在两相间的分配系数可表示如下：

$$K_D = \frac{\text{固定液上溶质质量／固定液质量}}{\text{流动相中溶质质量／流动相体积}} = \frac{m_2^s/m_1}{m_2^g/V_d}$$

式中，下标1、2分别表示固定液和溶质；上标 s、g 分别表示固定液相和气相。

在理想条件下，色谱峰峰形应该是对称的。那么，在 t_r 时，恰好有一半溶质被载气带离检测器，另一半还留在色谱柱内。两部分质量相等，色谱柱内的溶质又分别处于气相和液相中。因此

$$V_r^c \frac{m_2^g}{V_d} = V_d^c \frac{m_2^g}{V_d} + V_s \frac{m_2^s}{m_1}\rho_1 \tag{2-9}$$

式中，ρ_1 是固定液的密度，V_r^c 和 V_d^c 分别表示柱温柱压条件下的保留体积和死体积。移项并作压力和温度校正，得：

$$(t_r - t_d)j\frac{(p_0 - p_w)}{p_0} \times \frac{273}{T_r}F\frac{m_2^g}{V_d} = V_s\rho_1\frac{m_2^s}{m_1} \tag{2-10}$$

因 $V_s\rho_1 = m_1$，再分别与式(2-7)和式(2-8)比较，即得：

$$V_g^0 = \frac{m_2^s/m_1}{m_2^g/V_d} = K_D \tag{2-11}$$

由于脉冲进样量非常小，样品在气液两相的行为可分别用理想气体方程和拉乌尔定律作近似处理：

$$p_2 V_d = nRT_c$$

$$p_2 = \frac{m_2^g RT}{V_d M_2} \tag{2-12}$$

$$p_2^* = \frac{p_2}{x_2} = p_2\left(\frac{n_1 + n_2}{n_2}\right) \approx p_2\frac{n_1}{n_2} = p_2\frac{M_2}{M_1} \times \frac{m_1}{m_2^s} \tag{2-13}$$

式中，p_2^* 和 p_2 分别为纯溶质和溶液中溶质的蒸气压；x_2 为溶质在溶液中的摩尔分数；M_1 和 M_2 分别为固定液和溶质的摩尔质量；n_1 和 n_2 分别为固定液和溶质在溶液中的物质的量。将蒸气压由柱压 T_c 校正至 273K，并以式(2-11)和式(2-12)代入式(2-13)，得：

$$p_2^* = p_2 \frac{273}{T_c} \times \frac{M_2}{M_1} \times \frac{V_d}{K_D m_2^g} = \frac{273R}{K_D M_1} \tag{2-14}$$

结合式(2-11)得：

$$V_g^0 = \frac{273R}{p_2^* M_1} \tag{2-15}$$

实际上，色谱柱固定液的沸点都较高，蒸气压很低，且摩尔质量和摩尔体积都较大；然而，适用于作溶质的样品，其物理性质则与之相去甚远。所以溶液性质往往会偏离拉乌尔定律。不过，在此稀溶液中，溶质分子的实际蒸气压主要取决于溶质与溶剂分子之间的相互作用力，故可用亨利定律来处理。所以式(2-15)可表示为：

$$V_g^0/(\mathrm{m}^3 \cdot \mathrm{kg}^{-1}) = \frac{273R}{\gamma_2^\infty p_2^* M_1} \tag{2-16}$$

$$\gamma_2^\infty = \frac{273R}{V_2^\infty p_2^* M_1} \tag{2-17}$$

上式将色谱的特有概念——比保留体积 V_g^0 与溶液热力学的重要参数——无限稀释的活度系数 γ_2^∞ 相关联。

根据克劳修斯-克拉贝龙(Clausius-Clapeyron)方程并结合亨利定律，可得：

$$\mathrm{d}(\ln p_2^*/\mathrm{kPa}) = \frac{\Delta_{\mathrm{vap}} H_{\mathrm{m}}}{RT^2}\mathrm{d}T \tag{2-18}$$

$$\mathrm{d}[\ln(p_2^* x_2 \gamma_2^\infty/\mathrm{kPa})] = \frac{\Delta_{\mathrm{vap}} H_{2,\mathrm{m}}}{RT^2}\mathrm{d}T \tag{2-19}$$

式中，$\Delta_{\mathrm{vap}} H_{2,\mathrm{m}}$ 表示溶质从一溶液中汽化的偏摩尔汽化焓。对于理想溶液，$\gamma_2^\infty = 1$，溶质的分压可用 $p_2^* x_2$ 表示，而其偏摩尔汽化焓与纯溶质的偏摩尔汽化焓相等，偏摩尔溶解焓等于汽化焓，即 $\Delta_{\mathrm{vap}} H_{2,\mathrm{m}} = \Delta_{\mathrm{vap}} H_{\mathrm{m}} = -\Delta_{\mathrm{sol}} H_{2,\mathrm{m}} = -\Delta_{\mathrm{sol}} H_{\mathrm{m}}$。非理想溶液的偏摩尔溶解焓 $\Delta_{\mathrm{sol}} H_{2,\mathrm{m}}$ 虽然也等于 $-\Delta_{\mathrm{vap}} H_{2,\mathrm{m}}$，但它们与活度系数有关。

将式(2-16)取对数并对 T 微分，再以式(2-19)代入可得：

$$\frac{\mathrm{d}[\ln V_g^0/(\mathrm{m}^3 \cdot \mathrm{kg}^{-1})]}{\mathrm{d}T} = -\frac{\mathrm{d}\ln(p_2^* \gamma_2^\infty/\mathrm{kPa})}{\mathrm{d}T} = -\frac{\Delta_{\mathrm{vap}} H_{2,\mathrm{m}}}{RT^2} \tag{2-20}$$

设在一定温度范围内，$\Delta_{\mathrm{vap}} H_{2,\mathrm{m}}$ 可视为常数，积分可得：

$$\mathrm{d}[\ln V_g^0/(\mathrm{m}^3 \cdot \mathrm{kg}^{-1})] = \frac{\Delta_{\mathrm{vap}} H_{2,\mathrm{m}}}{RT} + C \tag{2-21}$$

将式(2-19)与式(2-18)两式相减(无限稀释溶液 $x_2 \to 0$)，并代之以溶解焓，则得：

$$\mathrm{d}(\ln \gamma_2^\infty) = \frac{(\Delta_{\mathrm{vap}} H_{2,\mathrm{m}} - \Delta_{\mathrm{vap}} H_{\mathrm{m}})}{RT^2}\mathrm{d}T = -\frac{(\Delta_{\mathrm{sol}} H_{2,\mathrm{m}} - \Delta_{\mathrm{sol}} H_{\mathrm{m}})}{RT^2}\mathrm{d}T \tag{2-22}$$

与式(2-21)一样，积分可得：

$$\ln\gamma_2^{\infty} = -\frac{(\Delta_{vap}H_{2,m} - \Delta_{vap}H_m)}{RT} + D = \frac{(\Delta_{sol}H_{2,m} - \Delta_{sol}H_m)}{RT} + D = \frac{\Delta_{sol}H^E}{RT} + D$$

(2-23)

式(2-21)和式(2-23)中的 C、D 均为积分常数。$\Delta_{sol}H^E$ 为非理想溶液与理想溶液中溶质的溶解焓之差，称偏摩尔超额溶解焓：

$$\Delta_{sol}H^E = \Delta_{sol}H_{2,m} - \Delta_{sol}H_m = -(\Delta_{vap}H_{2,m} - \Delta_{vap}H_m)$$

(2-24)

$\gamma_2^{\infty} > 1$ 时，溶液对拉乌尔定律产生正偏差，溶质与溶剂分子之间的作用力小于溶质之间的作用力，$\Delta_{sol}H^E > 0$；反之则相反。

仪器和试剂

气相色谱仪	一套	氮气钢瓶	一只
色谱工作站(包括计算机)	一套	微量进样器	一支
秒表	一块	环己烷(分析纯)	
红外加热灯		丙酮(分析纯)	
邻苯二甲酸二壬酯			

实验步骤

1. 实验前准备

(1) 固定相的制备　根据色谱柱容积大小，于蒸发皿中准确称取一定量的载体(102 白色载体或 6201 红色载体 80~100 目)，再称取相当于载体质量 1/5 左右的邻苯二甲酸二壬酯(色谱纯)，最后加入适量丙酮以稀释邻苯二甲酸二壬酯，搅拌均匀，然后用红外灯缓慢加热使丙酮完全挥发。再次称量，确定样品是否损失或丙酮是否蒸干。

(2) 装填色谱柱　选用长 2m、外径 5mm 的不锈钢色谱柱管，洗净，干燥。在其一端塞以少量玻璃棉，并将这一端接于粗真空系统。用专用漏斗从另一端加入固定相，同时不断震动色谱柱管，使载体装填紧密、均匀。再取玻璃棉少许塞住。称取蒸发皿中剩余样品质量。

(3) 安装、检漏及老化　小心将色谱柱装于色谱仪上，通常应使原来接真空系统的一端接在载气的出口方向。

按操作规程检查，确保色谱仪气路及电路连接情况正常。打开氮气钢瓶阀门，利用减压阀和色谱仪的针形阀调节气流流量至 50mL·min^{-1} 左右。将载气出口处堵死，柱前转子流量计的标示应下降至零，这表示气密性良好；如流量计显示有气流，则表示系统漏气。通常可用肥皂水顺次检查各接头处，必要时应再旋紧接头，直至整个气路不漏气。

保持氮气流量，将柱温(或称层析室温度)调到 130℃，恒温约 4h，使固定相老化。注意，切勿超过 150℃。

2. 测试

(1) 测定保留时间　将柱温调到大约 70℃，柱前压力约为 2×10^5Pa(表压为 1.1kgf·cm^{-2})。打开热导电源并调节桥路电流至 120mA，汽化室温度约为 130℃。待色谱工作站记录的基线稳定后便可进样。

用 $10\mu L$ 微量注射器吸取 $1\mu L$ 环己烷进样,进样前按下色谱工作站的启动键,进样的同时立即按下秒表,计算机将自动记录如图 2-10 所示的图形。注意观察,样品峰达到最高点停表,此时间即为保留时间。

每一柱温下进样 2 次,取保留时间的平均值。记下柱前压力、大气压力、层析室温度(柱温)、皂膜流量计温度,并用皂膜流量计测定载气流量。

微量进样器比较精密,切勿将针芯的不锈钢丝拉出针筒外,还应保持清洁。

(2)保留时间与柱温的关系　升高层析室温度,重复步骤(1)的操作,测定不同柱温下的保留时间及其他数据。每次升温幅度可控制在 2℃,从 70℃ 测到 78℃ 共测定 5 组数据。每个温度测定 2 次,每次的时间误差不超过 0.5s。

3. 实验完毕后,首先逐一关闭各个部分开关,然后再关电源。待层析室温度接近室温后再关闭气源。

数据处理

1. 设计合理的表格并将原始数据和计算结果列入表中。

(1)常量列表

(2)计算及结果列表

① 环己烷的饱和蒸气压的计算

$$p_2^* /mmHg = \exp[15.957 - 2879.9/(228.20 + t/℃)]$$

$$p_2^* /Pa = 133.3 \times \exp[15.957 - 2879.9/(228.20 + t/℃)]$$

② 水的饱和蒸气压的计算

$$p_w/mmHg = 4.5829 + 0.33173t/℃ + 1.1113 \times 10^{-2}(t/℃)^2 + 1.6196 \times 10^{-4}(t/℃)^3 + 3.5957 \times 10^{-6}(t/℃)^4$$

$$p_w/Pa = 6.1100 \times 10^2 + 4.4227 \times 10t/℃ + 1.4816(t/℃)^2 + 2.1593 \times 10^{-2}(t/℃)^3 + 4.7939 \times 10^{-4}(t/℃)^4$$

适用温度范围:$0 \sim 40℃$。

③ 比保留体积和活度系数的计算　根据式(2-7)可计算出不同柱温时的 V_g^0,由式(2-17)计算出 γ_2^∞。

2. 求偏摩尔溶解焓和偏摩尔超额溶解焓

以环己烷在不同柱温下测得的 $\ln[V_g^0/(m^3 \cdot kg^{-1})]$ 和 $\ln^{-1}\gamma_2^\infty$ 分别对 $1/T$ 作图,得两条直线。由其斜率可按式(2-21)和式(2-23)分别求出环己烷的偏摩尔气化焓 $\Delta_{vap}H_{2,m}$ 和偏摩尔超额溶解焓 $\Delta_{sol}H^E$。

3. 求摩尔汽化焓

由式(2-24)计算纯态环己烷的摩尔汽化焓 $\Delta_{vap}H_m$。

思考题

1. 如采用氢气作为载气,实验中应注意哪些问题?如何确定气相色谱实验的各个操作条件(如温度、桥路电流、载气流量等)。

2. 什么样的溶液体系才适于用气相色谱法测定其热力学函数?

3. 试从热力学函数对温度的依赖关系与实验测量误差两个角度讨论测定温度范围的合理选择。

参考文献

[1] 金鑫荣. 气相色谱法. 北京：高等教育出版社，1987，40-65.

[2] Weast R C. CRC Handbook of Chemistry and Physics. 66th. Boca Raton：CRC Press，1985.

[3] Laub R J，Pecsok R L. Physicochemical Applications of Gas Chromatography. New York：John Wiley and Sons，1978. 20：110-118.

[4] 李民，刘衍光，傅伟康，等. 气相色谱法测定非电解质溶液热力学函数值的实验条件选择. 化学通报，1988，(4)：54.

[5] Cai Xian-e，Ma Chunrong，Zhu Jing. Thermochim. Acta，1990，164：111.

附录 3.1 气相色谱仪

色谱仪是利用混合物样品可分离原理而设计的一种柱色谱仪器，以气体作为流动相的称为气相色谱仪。它广泛应用于化学、石油化工、生物、食品医药、环境科学、航天和军事科学以及物理化学等领域。按操作技术方法可分为脉冲进样色谱法、顶替色谱法和迎头色谱法等。这里只介绍脉冲进样的色谱操作方法。待测样品由流动相带动进入色谱柱，并在流动相和固定相之间进行分配，最后经检测器检测后逸出。流动相是一些不会与固定相和待测样品起化学作用的气体，它自始至终承载着待测组分，故又称为载气。固定相可以是固体吸附剂，也可以是涂布在惰性多孔担体上的液体薄膜。前者称气-固色谱，后者称气-液色谱。

气相色谱仪的结构可归纳为（如图 2-11 所示）：气流控制系统、进样系统、色谱柱、检测器、信号记录和处理系统以及温度控制系统等几大部分。

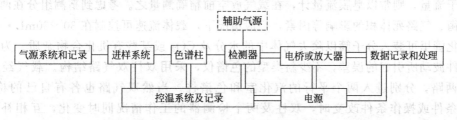

图 2-11 气相色谱仪主要部件方框图

目前，载气通路的连接方式，有单柱单气路和双柱双气路。图 2-12 是单柱单气路最基本的载气流程形式。

3.1.1 载气系统及辅助气源

3.1.1.1 载气和辅助气

作为流动相的载气，常用的有 He、H_2、N_2、Ar 等永久性气体，应根据需要选用。载气的压力和流速对于测定结果影响颇大，因为载气不仅带动样品沿着色谱柱方向运动，为样品的分配提供了一个相空间，而且在一定的温度和流速条件下，将在特定的时间把待测组分冲洗出来。在物理化学实验中用到的脉冲色谱保留时间正是以此为依据的。其次，色谱柱的分离效率取决于载气流速的选择，而监测器的灵敏度又与所用载气种类密切相关。

用热导池（TCD）作为检测器时，以 He 和 H_2 最为理想，这是因为他们的摩尔质量小、

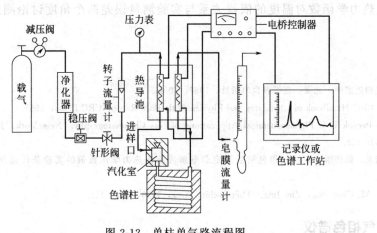

图 2-12　单柱单气路流程图

热导系数大、黏度小，故灵敏度高。He 比 H_2 性能更佳，只是由于来源和成本问题，故常以 H_2 为载气，但 H_2 易燃、易爆，操作时应特别注意。N_2 的扩散系数小，柱效率高，所以在氢火焰离子化检测器(FID)中多采用之。

检测器的辅助气源，在这里指的是 FID 所需的燃气(H_2)和助燃气(空气)，其流量配比及流速的稳定性直接影响到测定结果的灵敏度和稳定性。

3.1.1.2　气源及其控制

实验室常以高压气体钢瓶做为气源，经减压、净化、稳压后，以针型阀控制流量。载气和辅助气源系统都有压力表和转子流量计分别显示出其压力和流量，在测定过程中保持恒定。进入色谱柱前的载气压力，有时用较精确的压力表指示，柱后压力常近似以大气压力计算。至于流量，则常以皂膜流量计，在载气放空前精确测量之。考虑到猜测组分在两者间的分配平衡、气路死体积的影响等因素，一般情况下，载体流速可控制在 $30 \sim 60 mL \cdot min^{-1}$。

净化管里可装入分子筛以除去气体中的水分及 CO_2 或某些有机化合物杂质。为了补偿各种条件波动所引起的误差，不少新类型的色谱仪，采用双柱双气路结构。载气经过稳压后分为两路，分别进入两个平行的汽化室和色谱柱。当然双气路也各有自己的检测器。在外界条件或操作条件改变时，双柱及两个检测器的工作情况同时变化，互相补偿。在物理化学实验中，常需测定一系列柱温条件下的色谱行为，利用这种双气路色谱仪将可迅速达到平衡。

3.1.1.3　进样系统

如前所述，脉冲进样气相色谱的工作原理是将少量气体或液体样品通过进样器快速进入色谱柱，并在气、固两相之间进行分配，最后由检测器测出一个样品峰。因此，进样量的大小、进样时间的长短、液体样品气化速度和样品等都会影响色谱测定结果。为了得到符合热力学理想状态的分配条件，进样量尽可能少。一般来说，气体样品进样量可为 0.1mL 左右，液体样品可为 0.1μL 左右，最佳进样量通常根据色谱柱大小、检测器灵敏度等条件通过实验具体确定。

(1) 进样器　塞式进样是脉冲进样色谱的基本要求，如能在 1s 内完成进样操作，才可能形成近于高斯分布的色谱峰。常用液体进样器为微量注射器。

(2) 汽化室　汽化室用来使样品瞬时受热汽化，气相色谱仪常用汽化室的结构如图 2-

13 所示。

3.1.2　色谱柱

　　色谱柱是色谱仪的心脏，其中的固定相则是色谱柱的关键。在细长管内装入固定相就成为填充式的色谱仪。色谱柱材料多为不锈钢或玻璃管，内径一般为 2～6mm，长 0.5～10m，以毛细管为分离柱的称为毛细管柱，其内径大约为 0.1～0.5mm，长可达数十至数百米。可用玻璃、金属、尼龙或塑料制成。

　　为了减少色谱柱所占空间，常把它弯成 U 形或螺旋形，其弯形直径要比管子内径要大 15 倍以上。

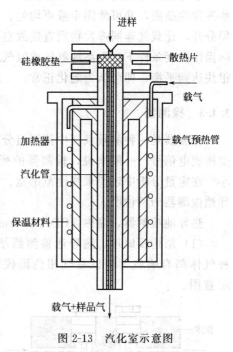

图 2-13　汽化室示意图

3.1.2.1　气-固填充色谱柱

　　管内填充具有表面活性的吸附剂，如分子筛、硅胶、碳分子筛、石墨化炭黑以及高分子多孔微球，它们以一定粒度（通常采用 40～60 目、60～80 目、80～100 目）装入色谱柱，直接作为固定相材料，被测样品在气-固两相吸附-脱附进行分配。

3.1.2.2　气-液填充色谱柱

　　将固定液均匀涂布于一定颗粒度的惰性载体上，装入填充柱即成。它不仅化学性质稳定，而且对热也稳定，比表面积通常为每克数百平方米，表面吸附性很好。固定液应是高沸点、低蒸气压的。通常以蒸气压小于 13Pa（即 0.1mmHg）的温度作为固定液的最高使用温度。如使用温度过高，固定液流失严重，色谱柱性能将改变，并且会污染检测器，影响基线的稳定性。

　　液体固定相的制作比固相复杂。选用适合的溶剂将固定液溶解，再加入一定量的担体搅拌，这样固定液可借助溶剂作用，均匀涂敷在载体表面上，最后在红外灯下烘干（可轻轻搅拌，让溶剂完全蒸发掉）。如果载体表面或其孔中有空气，将会影响固定液渗入。因此还可以用减压法，将空气抽走。

3.1.2.3　色谱柱的装填与老化

　　色谱柱在装填前应先清洗柱管。玻璃柱管的清洗方法与一般玻璃仪器的洗涤方法相同。不锈钢柱管可用 5%～10% 的热碱水溶液抽洗数次，再用自来水冲洗。所有的管子最后都必须用蒸馏水清洗烘干备用。旧的柱管应选择适当的溶剂，如乙醚、乙醇或热碱液等，洗涤以除去原来所用固定相物质，然后再按上述方法处理。

　　固定相装填务必紧密均匀，从分析的角度来说，可得到较好的分离效果，峰的效果可以如实反应被测组分在气-固两相间分配的情况。通常可将柱的尾端塞上色谱用脱脂棉，再接真空泵，而柱的前端装上专用漏斗。开启真空泵，不间断地从漏斗装入固定相，同时轻轻均匀敲打色谱柱壁，最后色谱柱两端均应塞有硅烷化的玻璃棉。将色谱柱的前端与进样器连接，尾端与检测器连接，经检漏后，即可予以老化。

老化过程可使其表面得以活化。对于固定液来说，则可彻底除去固定相中残余溶剂和某些挥发性杂质，并可使固定液更均匀、牢固地分布在载体表面上。老化时通常将尾端与检测器分开，让载气连同挥发物质直接放空，防止检测器沾污。按预计实际载气流速，略高于实际操作温度条件下，用高纯氮气或氢气通气 8h 左右。接上检测器后，如果记录得到的基线很快达到平衡，即可认为老化正常。

3.1.3 检测器

检测器是一种测量载气中待测组分的浓度随时间变化的装置，同时还把待测组分的浓度变换成电信号。一般来说，检测器的死体积应尽可能小，响应快，灵敏度高，稳定且噪声小。在定量分析中还要求线性范围宽。TCD 和 FID 是最常用的两种通用检测器。下面以热导池检测器为例说明。

热导池检测器，简称 TCD（Thermal Conductivity Detector）。

（1）结构及原理　热导池检测器结构简单，制作及维修方便，而且性能稳定，对各种气体都有响应，所以是气相色谱仪中最通用的检测装置。图 2-14 为四臂热导池结构示意图。

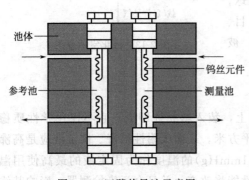

热导池由整块不锈钢车制而成，四臂热导池装有长短、粗细及电阻值相同的金属丝，这就是热导池的核心部分——热敏感元件，其电阻温度系数要大。通常选用钨丝、镍丝、铼钨合金丝或铂铱合金丝。钨丝是最常用的热敏感元件，其阻值随温度上升而上升。以一定的直流电通入钨丝，使其发热，但热量不断地被载气带走，最后钨丝处于热平衡状态。因此具有恒定的温度和电阻值，其中只通过纯载气的池臂为参考臂，而接在色谱柱后的为测量臂。当待测组分随载气进入热导池时，由于热导系数的不同，钨丝的温度将发生变化，并导致其电阻值发生变化。如果把钨丝元件接于图 2-15 所示的直流电桥中，桥路的不平衡将有一个电信号输出，在记录仪上显示出该信号随时间的变化关系，这就是色谱曲线。

图 2-14　四臂热导池示意图

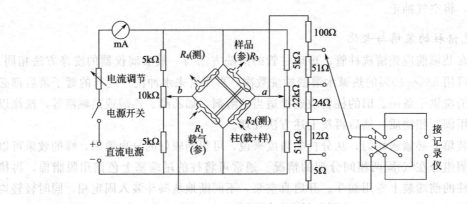

图 2-15　四臂式直流电桥示意图

从图 2-15 可看出，当没有样品进入（即四臂均为纯载气）时，电桥平衡，则有：$R_1R_3 = R_2R_4$；当有样品进入测量臂时，即有混合气进入，由于样品与载气的热导系数不同，因而引起温度变化，进而引起阻值的改变，于是电桥不平衡了，即 $(R_1+\Delta R_1)(R_3+\Delta R_3) \neq R_2R_4$。桥路不平衡的信号将在记录仪上反映出来。

（2）操作参数的选择　热导池温度的波动，对记录仪上的基线影响很大，在待测样品不致冷凝的前提下，适当降低热导池温度，有利于提高检测灵敏度。通常可控制在于色谱柱所在层析室温度相近或略高一些。

热导池的灵敏度与电桥电流的三次方成正比，但桥流过大，噪声明显，而且热丝易氧化甚至烧毁。另一方面，检测室温度和载气的导热性能对热丝的温度也有直接影响。

3.1.4　气相色谱仪的安装与使用

气象色谱仪的型号有多种，但其基本原理和结构基本相同，仪器的安装和使用也大同小异。

3.1.4.1　气相色谱仪的选用

目前国内生产的气相色谱仪的型号很多，在性能上大同小异。譬如最高柱温一般在 250～400℃，柱温均匀性在 ±0.1～±0.3℃ 之间，有单柱式和双柱式，物理化学实验中较多地选用单柱式，最高柱温 300℃，检测器为 TCD 的色谱仪。

3.1.4.2　安装和使用方法

仪器安装、使用前必须仔细阅读产品说明书，严格按照操作规程。在此介绍通常的操作步骤和应注意的事项。

（1）使用热导池检测器的操作步骤

① 气路安装　根据气体流程图检查需安装的部位按接管道，在按接前应保持接头的清洁，钢瓶到仪表的连接管用 ϕ3mm×0.5mm 不锈钢（或 ϕ3mm×0.5mm 的聚乙烯管）。在连接时应特别注意在层析室或其他近高温处的接头一律用紫铜垫圈而不能用塑料垫圈，同时勿忘装上干燥筒。

② 密封性检查　先将载气出口处用螺母及橡胶闷住，再将钢瓶输出压力调到 4～6MPa，接着打开载气稳压阀，将柱前压力调到 3～4MPa，并察看载气的转子流量计，如流量计无读数（转子沉于底部）则表示气密性良好，若发现转子流量计有读数则表示有漏气现象，可用十二烷基硫酸钠水溶液检漏。

③ 电器线路的装接　对号入座地接好主机与电子部件和记录仪之间的连线插头和插座；接地线必须良好可靠，绝对不可将电源的中线代替地线。电源的输入线路的承受功率必须大于成套仪器的消耗功率，且电源电路尽可能不要与大功率设备相连接或用同一线路，以免受干扰。

④ 通载气　将钢瓶输出气压调至 2～5MPa，调节载气稳压阀，使柱前压在设定值上。注意钢瓶的输出压力应比柱前压高 0.5MPa 以上。

⑤ 调节温度　开启仪器电源总开关，主机指示灯亮，风电动机开始运转。开启层析室加热开关，加热指示灯亮，层析室升温。升温情况可用测温选择开关，在测温毫伏表上读出。调节层析室温度控制器使层析室恒温在所需温度上。开启汽化加热开关，调节汽化温度控制旋钮，使汽化室升温，并用测温选择开关使其控制在所需温度上。加热时应逐步升温，

防止调压加热控制的过高，使电热丝和硅橡胶烧毁。

⑥ 调节电桥　层析室温度稳定后，氢焰热导选择开关放置在"热导"，开启放大器电源开关，调节热导电流至电流表指示出需要值(N_2 作载气时，电流为 $110\sim150mA$；H_2 作载气时，电流为 $150\sim200mA$)。

⑦ 测量　开启记录仪电源开关，反复调整热导"平衡"和热导"调零"两旋钮，使记录仪指针在零位上，开启记录开关让其走基线。待基线稳定后，按下记录笔，注入试样，可得色谱曲线。

⑧ 关机　测量完毕后，先抬起记录笔，再关闭记录仪各开关。然后，关闭热导池电源及温度控制器的加热开关，再开启层析室散热，待降至近室温，关闭主机电源。最后关闭钢瓶气源和载气稳压阀。

（2）注意事项

① 在启动仪器前应先通上载气，特别是开"热导池电源"时必须检查气路是否接在热导池上。关闭时，则先关电源再关载气，以防烧断热导池中的钨丝。

② 为防止放大器上热导氢焰开关选择开至"热导"而烧断钨丝，在使用氢火焰离子化检测器时可把仪器背后的热导池检测器的信号引出线插头拔去。

③ 层析室的使用温度不得超过固定液的最高使用温度，否则，固定液要蒸发流失。

④ 连接气路管道的密封垫圈若使用温度在 $150℃$ 以内，可用聚四氟乙烯管，超过 $150℃$ 时，应使用紫铜垫圈。

⑤ 汽化器的硅橡胶封垫片应注意及时更换，一般可进样 $20\sim30$ 次，进样次数过多，垫片会被碎渣堵塞管道。

⑥ 稳压阀和针形阀的调节须缓慢进行。稳压阀不工作时，必须放松调节手柄（顺时针旋转）。针形阀不工作时，应将阀门处于"开"的状态(逆时针旋转)。

⑦ 热导池的灵敏度用衰减开关来调节，放大器的灵敏度由放大器灵敏度开关来调节，开关处于 10000 时灵敏度为最高。

⑧ 当热导池使用时间长或沾污脏物后，必须进行清洗。放松安装钨丝的螺丝帽，取出钨丝，用丙酮或其他低沸点有机溶剂清洗烘干，热导池块也应作同样清洗后烘干。在清洗钨丝时当心钨丝扭断。重新安装钨丝时注意不能使钨丝碰到热导池块的腔体。

参考文献

[1] 成都科技大学分析化学教研室. 分析化学手册，第 4 分册，色谱分析上册. 北京：化学工业出版社，1984.
[2] 商登喜. 气相色谱仪的原理及应用. 北京：高等教育出版社，1989.
[3] 朱良漪. 分析仪器手册. 北京：化学工业出版社，1997.

附录3.2　气相色谱法测定非电解质溶液的热力学函数实验数据计算机处理方法

3.2.1　初始数据录入

打开 Excel 软件，在 A2、B2 和 C2 分别依次录入固定液质量，固定液摩尔质量和死时间 t_d（如表 2-4 所示）；在 D2、E2、F2 和 G2 依次录入流速、室温、进口压力和出口压力。

表2-4 初始数据录入表

	A	B	C	D	E	F	G
1	固定液质量/g	固定液摩尔质量/(g·mol^{-1})	死时间t_d/s	流速/(mL·s^{-1})	室温/℃	进口压力/kPa	出口压力/kPa
2	1.266	418.6	2	0.69	18.2	120.00	101.30

3.2.2 P_w 的计算

在 H2 编辑公式 T/℃$+273.15$（如表 2-5 所示），即 "E2+273.15"，得到室温的开氏温度。在 I4 和 I5 处分别编辑公式"(F2/G2)^2—1"和"(F2/G2)^3—1"，得到 $\left[(p_i/p_0)^2-1\right]$ 和 $\left[(p_i/p_0)^3-1\right]$。在 I2 编辑公式 $j=\dfrac{3}{2}\times\dfrac{\left[(p_i/p_0)^2-1\right]}{\left[(p_i/p_0)^3-1\right]}$，即"1.5 * I4/I5"，得到 j。在 J 列编辑公式，即

$$\text{"(611+44.227 * E2+1.4816 * E2 * E2+0.021593 * E2 * E2 * E2+}$$

$$\text{4.7939 * 0.0001 * E2 * E2 * E2 * E2)/1000"},$$

得到 P_w/kPa。

表2-5 P_w/kPa 计算的相关数据

	H	I	J
	室温/K	j	P_w/kPa
1			
2	291.35	0.9133	2.0895
3			
4		0.4033	
5		0.6623	

3.2.3 K_D 的计算

将色谱的柱温 T 和保留时间 t_r 分别填入 K 和 N 列（如表 2-6 所示）。在 L 列编辑公式 T/℃$+273.15$，即 K+273.15，得到柱温的开氏温度。在 M 列编辑 $\dfrac{1}{L}\times1000$，可得到 $\dfrac{1}{T}\times$ 1000。在 O 列编辑公式 V_g^0/(dm^3·kg^{-1})$=(t_r-t_d)j\dfrac{(p_0-p_w)}{p_0}\times\dfrac{273}{T_r}\times\dfrac{F}{m_1}$，即"(N2—C2) * I2 * (G2-J2) * 273.15 * D2/(G2 * H2 * A2)"，得到 V_g^0/(L·kg^{-1})。在 P 列编辑公式

$\ln(O)$，即得到 $\ln(V_g^0)$。在 Q 列编辑公式 $V_g^0 = \dfrac{m_2^s/m_1}{m_2^g/V_d} = K_D$，即 Q=O，得到 K_D。

表 2-6　K_D 计算的相关数据表

	K	L	M	N	O	P	Q
1	$T/^\circ\mathrm{C}$	T/K	$(10^3/T)/\mathrm{K}$	t_r/s	$V_g^0/(\mathrm{L\cdot kg^{-1}})$	$\ln V_g^0$	K_D
2	70	343.15	2.9142	339.18	154.63	5.0410	154.63
3	72	345.15	2.8973	319.55	145.63	4.9811	145.63
4	74	347.15	2.8806	306.50	139.64	4.9391	139.64
5	76	349.15	2.8641	292.70	133.31	4.8927	133.31
6	78	351.15	2.8478	275.40	125.38	4.8314	125.38

3.2.4　$\ln\gamma_2^\infty$ 的计算

在 R 列编辑公式 $p_2^* = p_2\dfrac{273}{T_c}\times\dfrac{M_2}{M_1}\times\dfrac{V_d}{K_D m_2^g} = \dfrac{273R}{K_D M_1}$（如表 2-7 所示），即"EXP

$[15.957-2879.9/(228.2+K)]*133.3/1000$"得到 p_2^*。在 S 列编辑公式 $\gamma_2^\infty = \dfrac{273.15R}{V_g^0 p_2^* M_1}$，

即"$273.15*8.314/(O*R*B2)$"，得到 r_2。在 T 列编辑公式"$\ln(S)$"，得到 $\ln r_2$。

表 2-7　计算 $\ln r_2$ 的相关数据

	R	S	T
1	P_2^*/kPa	γ_2^∞	$\ln\gamma_2^\infty$
2	72.547	0.000483	-7.6348
3	77.368	0.000481	-7.6391
4	82.440	0.000471	-7.6607
5	87.770	0.000463	-7.6769
6	93.369	0.000463	-7.6774

3.2.5　$\ln V_g^0$-1/T 以及 $\ln\gamma_2^\infty$-1/T 曲线的绘制

以表 2-6 中的 M 列为横坐标，P 列为纵坐标作 $\ln V_g^0$ 与 1/T 的关系曲线，如图 2-16 所示。以 M 列为横坐标，T 列为纵坐标作 $\ln\gamma_2^\infty$ 与 1/T 的关系曲线，如图 2-17 所示。右击坐标点，选中趋势线，出现格式选项，如图 2-18 所示。选中"显示公式和显示 R 平方值"，电脑将显示对应的直线公式和斜率，分别如图 2-19 和图 2-20 所示。

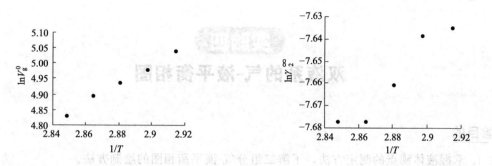

图 2-16 $\ln V_g^0$ 和 $1/T$ 的关系曲线　　　　　　　图 2-17 $\ln \gamma_2^\infty$ 和 $1/T$ 的关系曲线

　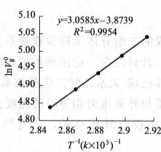　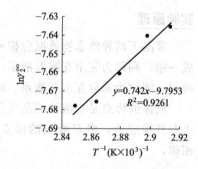

图 2-18 趋势线格式　　　　　图 2-19 $\ln V_g^0$ 对 $1/T$ 作图　　　图 2-20 $\ln r_2$ 和 $1/T$ 的关系曲线

表 2-8 $\Delta_{vap} H_m$ 计算的相关数据

U	V	W	X	Y	Z
K_1	K_2	$\Delta_{vap} H_{2m}/(kJ \cdot mol^{-1})$	$\Delta_{sol} H_2^E/(kJ \cdot mol^{-1})$	$\Delta_{sol} H_{2m}/(kJ \cdot mol^{-1})$	$\Delta_{vap} H_m/(kJ \cdot mol^{-1})$
3.0585	0.742	25.428	6.1690	−25.428	31.597

3.2.6 $\Delta_{vap} H_m$ 的计算

从图 2-19 和图 2-20 中得出两条直线斜率 K_1 和 K_2 值，分别填入 U2 和 V2，如表 2-8 所示。在 W2 编辑公式 $d[\ln V_g^0/(m^3 \cdot kg^{-1})] = \dfrac{\Delta_{vap} H_{2,m}}{RT} + C$，即 "U * 8.314"，得到

$\Delta_{vap} H_{2m}$。在 X2 编辑公式 $\ln \gamma_2^\infty = -\dfrac{(\Delta_{vap} H_{2,m} - \Delta_{vap} H_m)}{RT} + D = \dfrac{(\Delta_{sol} H_{2,m} - \Delta_{sol} H_m)}{RT} + D$

$= \dfrac{\Delta_{sol} H^E}{RT} + D$，即 "V * 8.314"，得到 $\Delta_{sol} H^E$。在 Y2 编辑公式 "−W"，得到 $\Delta_{sol} H_{2m}$，

在 Z2 编辑公式 $\Delta_{sol} H^E = \Delta_{sol} H_{2,m} - \Delta_{sol} H_m = -(\Delta_{vap} H_{2,m} - \Delta_{vap} H_m)$，即 "X-Y"，得到

$\Delta_{vap}H_m$。

实验四
双液系的气-液平衡相图

实验目的

1. 掌握液体沸点的测定方法，了解二组分气-液平衡相图的绘制方法。
2. 掌握阿贝折光仪的原理及使用方法，并由折射率确定二元液体的组成。
3. 测定环己烷-无水乙醇二组分体系气-液平衡的相关数据，并绘出其沸点-组成图。
4. 由相图确定环己烷-无水乙醇二组分体系的恒沸点及恒沸混合物的组成。

实验原理

常温下两种液态物质混合构成的二组分体系称为双液系。两个组分若能按任意比例混合成一相，则称为完全互溶双液系。若只能在一定比例范围内混合成一相，其他比例范围内为两相，则称为部分互溶双液系。环己烷-无水乙醇二组分体系是完全互溶双液系。

液体的沸点是指液体的蒸气压与外界压力相等时的温度。在一定的外压下，纯液体的沸点有其确定值，但双液系的沸点不仅与外压有关，还与两种液体的相对含量有关。根据相律，

$$自由度＝组分数－相数＋2$$

因此，二组分体系最大自由度数为3(体系的变量为：温度、压力、组成)。只要任意确定一个变量，整个体系的存在状态就可以用二维图形来描述。例如，在一定温度下，可以绘出体系压力 p 和组分 x 的关系图(p-x 图)，如体系的压力确定，则可绘出温度 T 和组成 x 的关系图(T-x 图)。二组分完全互溶双液系的相图(T-x 图)见图 2-21～图 2-23。

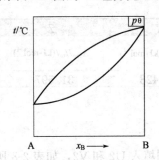
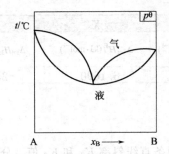
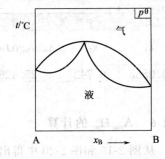

图 2-21　理想完全互溶　　　　图 2-22　具有最低恒沸点相图　　　图 2-23　具有最高恒沸点相图
　　　　(或偏差不大)相图　　　　　　　(正偏差很大)　　　　　　　　(负偏差很大)

本实验所测的环己烷-无水乙醇二组分体系的温度组成图是一个典型的具有最低恒沸点的相图(属于正偏差较大的非理想完全互溶双液系)。

实验装置如图 2-24 所示，这是一只带回流冷凝管的长颈圆底烧瓶，冷凝管底部有一半球形小室，用以收集冷凝下来的气相样品。

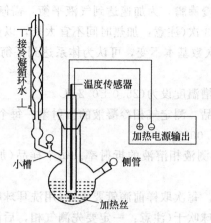

图 2-24 沸点仪

本实验选用环己烷和无水乙醇，两者折射率相差颇大，而测定折射率又只需要少量样品，测定一系列不同配比的环己烷-无水乙醇溶液的沸点和折射率，在组成-折射率工作曲线上查出所测折射率对应的组成，就可绘制气-液体系的温度-组成相图。压力不同时，双液系相图将略有差异。

仪器和试剂

沸点测定仪	数字阿贝折光仪(棱镜恒温)
超级恒温槽	调压变压器
容量瓶(100mL)	玻璃漏斗(直径5cm)
滴管	
环己烷(分析纯)	无水乙醇(分析纯)
丙酮(分析纯)	

实验步骤

1. 配制溶液(用 100mL 容量瓶)

按表 2-9 所列数据配制 8 瓶环己烷-无水乙醇溶液各 100mL。

表 2-9 配制 100mL 环己烷-无水乙醇溶液所需环己烷的体积

瓶号	1	2	3	4	5	6	7	8
$V_环$/mL	10	23	31	45	70	93	96	98

2. 测沸点

将样品加到沸点仪中，并使传感器和加热丝浸入溶液内。打开冷凝水，打开电源开关调节"加热电源调节"旋钮，逐渐加大电压(慢慢调，不要超过 12V)使溶液慢慢开始沸腾，蒸气在冷凝管中回流的高度保持 1.5cm 左右。当温度恒定后(体系达到平衡)，记下温度读数(沸点)，停止加热，用湿毛巾将气相冷凝液的凹槽和烧瓶进行冷却，使溶液快速冷却，以防溶液挥发，给组成测定带来误差。

注意：将液体加热至缓慢沸腾，为加速达到气液平衡，需倾斜蒸馏瓶，使凹槽中的气相冷凝液倾回蒸馏瓶中，重复 3 次（注意：加热时间不宜太长，以免物质挥发），每次倾入之前看一下温度读数（沸点），3 次数基本不变，可认为体系达到平衡。

3. 测折射率

控制折光仪温度的恒温槽温度设为 (25.0±0.2)℃。

用滴管取冷却的气相样品，测定气相冷凝液的折射率。每个样品（加一次样）读 3 次数取平均值（相邻读数不能相差 0.0002）。

用另一滴管取液相溶液测液相溶液的折射率。每个样品（加一次样）读 3 次数取平均值（相邻读数不能相差 0.0002）。

取样和测量动作要迅速。每次取样前滴管要干燥（用洗耳球吹干）。每测完一个样品阿贝折光仪毛玻璃面也要用洗耳球吹干（注意：一定要先测气相，后测液相）。

测完折射率（气相、液相）后，将沸点仪中的溶液倒入原来装样品的容量瓶中（尽量倒干净，但不必吹干），以便循环使用。换下一个样品，重复 2、3 步操作。8 个样品全部测完，需经指导老师检查合格后，方可结束实验。

数据处理

1. 做工作曲线

实验课前，要根据附录 4.1 的文献值绘出"折射率-组成"工作曲线。

2. 实验数据记录及处理

合理设计数据记录表，将实验数据及处理结果列入表中。

3. 绘出 t-x 相图

绘出环己烷-无水乙醇的 t-x 相图，由相图查出最低恒沸点和恒沸混合物的组成。

思考题

1. 在测定恒沸点时，溶液过热或出现分馏现象，将使绘出的相图图形发生什么变化？

2. 为什么工业上常用 95％酒精，只用精馏含水酒精的方法是否可能获得无水乙醇？如何获得无水乙醇？（可参阅：Buckingham J. Dictionary of Organic Compounds. 5th edn. Chapman and Hall，1982：2486）。

3. 试设计其他方法测定气-液两相组成，并讨论其优缺点。

4. 讨论本实验的主要误差来源。

5. 实验所用样品循环使用对实验结果是否有影响？

6. 每测完一个样品要将溶液倒回原瓶中，倾倒后蒸馏瓶底部的少量残留液对下一样品的测定是否有影响？

参考文献

[1] 傅献彩，沈文霞，姚天扬. 物理化学上册. 第 4 版. 北京：高等教育出版社，1990：271.

[2] Daniel F，Alberty R A，Williams J W，et al. Experimental Physical Chemistry. 7th edn. New York：McGraw-Hill，Inc，1970：61.

[3] 杨晓晔，杨志明. 对双液系气液平衡相图实验的一点意见——该不该对沸点进行压力校正. 贵州师范大学学报：自然科学版，1995（2）：34.

附录 4.1 文献值

表 2-10 101.325kPa 压力下乙醇-环己烷溶液的恒沸点数据

沸点/℃	乙醇质量分数/%	$x_{环己烷}$
64.9	40	—
64.8	29.2	0.570
64.8	31.4	0.545
64.9	30.5	0.555

数据来源：Advances in Chemistry. Series 116 (Compiled by Horsley L H). Azeotropic Data-Ⅲ. Washington D C：American Chemical Society，1973：136.

表 2-11 25℃时环己烷-无水乙醇体系的折射率-组成关系

$x_{无水乙醇}$	$x_{环己烷}$	n_D^{25}
1.00	0.00	1.35935
0.8992	0.1008	1.36867
0.7948	0.2052	1.37766
0.7089	0.2911	1.38412
0.5941	0.4059	1.39216
0.4983	0.5017	1.39836
0.4016	0.5984	1.40342
0.2987	0.7013	1.40890
0.2050	0.7950	1.41356
0.1030	0.8970	1.41855
0.00	1.00	1.42338

数据来源：Timmermans J. The Physico-Chemical Constants of Binary Systems in Concentrated Solutions. London：Interscience Publishers，1959 (2)：36.

附录 4.2 阿贝（Abbe）折光仪的使用说明

折射率是物质的一个重要物理常数。从折射率可以定量地分析溶液的成分，检验物质的纯度；另外还可以求算物质摩尔折射度、分子的偶极矩及测定分子结构等。阿贝折光仪所需用的样品量少，数滴液体即可进行测量；测量方法简便，读数准确，重复性好，无须特殊光源设备，普通日光或其他光即可；棱镜的夹层可通恒温水，保持所需的恒定温度。所以它是物理化学实验中常用的光学仪器。

4.2.1 阿贝折光仪的结构

阿贝折光仪是根据光的全反射原理设计的仪器，即利用全反射临界的测定方法测定未知物质的折射率，其结构如图 2-25 所示（详细的阿贝折光仪光学原理，请参看仪器说明书或有关资料）。

4.2.2 使用方法和注意事项

（1）用橡皮管将仪器上测量棱镜和辅助棱镜上保温夹套的进水口与超级恒温槽串接起来（确

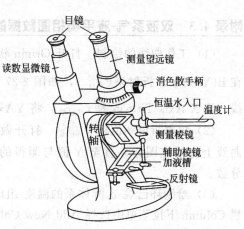

图 2-25 阿贝折光仪外形图

保连接可靠），恒温温度以折光仪上的温度计读数为准，一般选用（20.0±0.1）℃或（25.0±0.1）℃。

（2）打开折射棱镜部件，移去擦镜纸。检查上、下棱镜表面，用滴管滴加少量丙酮（或无水酒精）清洗镜面，用洗耳球将镜面吹干或用擦镜纸轻轻吸干镜面（注意：用滴管时勿使管尖碰触镜面；测完样品后必须仔细清洁两个镜面，但切勿用滤纸擦拭）。

（3）滴加1～2滴试样于棱镜的毛玻璃面上，锁紧棱镜。

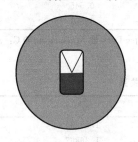

图 2-26 准确的明暗分界线与交叉线位置示意图

（4）调节反射镜使入射光线达最强，通过目镜观察视场，同时旋转调节手轮，使明暗分界线落在交叉线视场中，如从目镜中看到视场是暗的，可将调节手轮逆时针旋转；如是明亮的，则顺时针旋转。明亮区域在视场的顶部。在明亮视场下旋转目镜，使视场中的交叉线最清晰。因光源为白光，故在交叉线处有时呈现彩色，旋转消色散手柄使彩色消失，使视场中明暗两部分具有良好的反差和明暗分界线具有最小的色散，明暗清晰，再转动棱镜使明暗界线正好与目镜中的十字线交点重合（见图 2-26），这时从读数显微镜即可在标尺上读出被测物的折射率 n（每次测定时，两个棱镜都要咬紧，防止两棱镜所夹的液层成劈状，影响数据重复性）。为了数据的准确，必须按上述步骤测定三次样品，取其平均值。

（5）测量结束后，必须用少量丙酮（或无水酒精）和擦镜纸清晰镜面。合上折射镜部件前须在两个棱镜之间放一张擦镜纸。

（6）折光仪不要被日光直接照射或靠近热的光源（如电灯泡），以免影响测定温度。

4.2.3 仪器的维护

（1）仪器应置于干燥、空气流通的室内，防止受潮后光学零件发霉。

（2）要绝对避免滴管等其他硬物碰到镜面，擦洗时只能用擦镜纸吸干或用洗耳球吹干，不能用力擦。

（3）用完仪器后，要使金属套中的水流尽，再拆下温度计，擦净镜面，并于两镜面间夹张擦镜纸，然后放入箱内。箱内必须放上干燥剂。

（4）要避免强烈振动或撞击，以防光学零件损伤而影响精度。

附录 4.3 双液系气-液平衡相图数据的计算机处理方法

（1）工作曲线的绘制   打开 Origin 软件，在 A(X) 列录入环己烷的摩尔分数（$x_{环己烷}$），在 B(Y) 列录入折射率（n_D^{25}），如图 2-27 所示。输入数据后，点击 [图标] 按钮，得到工作曲线，将 X Axis Title 改为 $x_{环己烷}$，将 Y Axis Title 改为 n_D^{25}，保存图像，如图 2-28 所示。

（2）根据折射率值求 $x_{环己烷}$ 打开做好的工作曲线，在工具栏中选择 [图标] 图标，在曲线上拖动该图标，直至 Y 值与测得的折射率相等，此时 X 值即为相应的环己烷摩尔分数。

（3）绘制环己烷-乙醇体系的温度-组成相图   在 Origin 中建立新的 Worksheet，在工具栏 Column 下拉菜单中选择 Add New Column 添加新列，出现如图 2-29 所示的窗口，填入"2"，点击 [OK] 按钮，出现图 2-30 窗口。

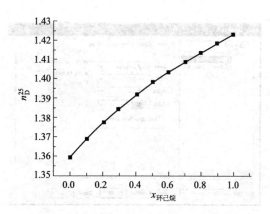

图 2-27 Origin 工作表（1）　　　　　图 2-28 环己烷摩尔分数折射率工作曲线

双击"C（Y）"列，出现窗口，如图 2-31 所示，将"Plot Designation"改为"X"，点击 OK 按钮。出现 Data1 界面，如图 2-31 所示。将液相样品的 $x_环$ 及相应的沸点，以及气相样品的 $x_环$ 及相应的沸点分别录入 A、B、C、D 四列中（注：B 列和 D 列数值相同，都为沸点）。点击 按钮，绘制出双液系的气-液平衡相图，如图 2-32 所示。曲线的精修可在曲线（或点）上双击，出现窗口，如图 2-33 所示。然后在对话框"Group"菜单下选中

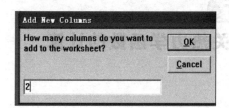

图 2-29 Origin 工具窗口　　　　　图 2-30 Origin 工作表（1）

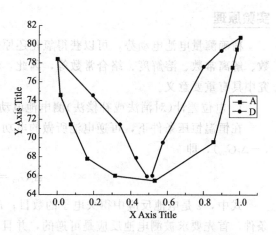

图 2-31 Origin 工具窗口（2）　　　　　图 2-32 环己烷-乙醇双液系的气-液平衡相图

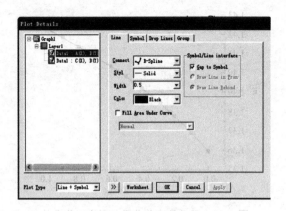

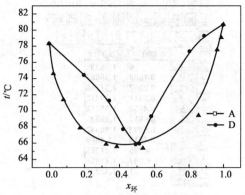

图 2-33　Origin 工具窗口（3）　　　　图 2-34　环己烷-乙醇双液系的气-液平衡相图

"Independent" 选项逐一修改相应的图标大小、线条粗细与颜色。单击 "Line" 选项将 "Connect" 改为 "B-Spline"，单击 OK 按钮。最后，将 XAxis Title 改为 $x_环$，将 YAxis Title 改为 $t/℃$，保存图像，如图 2-34 所示。在工具栏中选择 + 图标，点击两曲线交点，其 Y 值即为该双液系的最低恒沸点。

实验五

原电池电动势的测定和相关热力学函数的计算

目的要求

1. 掌握对消法测定电池电动势的原理及电位差计的使用方法。
2. 利用电位差计测定一些电池的电动势。
3. 掌握测定电极电势的方法。

实验原理

精确测量电池电动势，可以获得氧化还原体系的许多热力学数据，如平衡电势、活度系数、解离常数、溶解度、络合常数等，因此，精确地测量某一电池的电动势，在物理化学研究中具有重要意义。

1. 电位差计(对消法或补偿法)测电池电动势的基本原理

在恒温恒压条件下，可逆电池所做的电功是最大非体积功 W'，等于体系自由能的降低 $(-\Delta_r G_m)$，即

$$\Delta_r G_m = -zEF$$

式中，z 是电池反应中得失电子的数目；E 是电池电动势；F 为法拉第常数。所谓可逆条件，首先要求被测电池反应是可逆的，并且不存在任何不可逆的液接界。另外，电池还必须在可逆情况下工作，即放电和充电过程都必须在准平衡状态下进行，此时只有无限小的电

流通过电池。

为了使电池反应在接近热力学可逆条件下进行，一般采用电位差计测量电池的电动势。电位差计在物理化学实验中应用非常广泛，主要用以测定电动势、校正各种电表；其次作为输出可变的精密稳压电源，可应用在极谱分析、电流滴定等实验中；再次，有些电位差计（如学生型）中的滑线电阻可单独用作电桥桥臂，供精密测量电阻时应用。

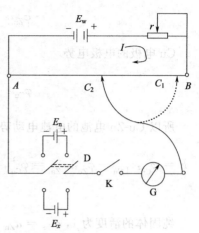

电位差计是利用对消法进行电势测量的仪器，其原理是在待测电池上并联一个大小相等、方向相反的外加电势（也叫电位），这样待测电池中没有电流通过，外加电势的大小即等于待测电池的电动势。电位差计简单原理如图 2-35 所示。它由 3 个回路组成：工作回路、标准回路和测量回路。

图 2-35　电位差计（对消法）
工作原理图

（1）工作回路　AB 为均匀滑线电阻，与可变电阻 r 及工作电源 E 构成回路，调节可变电阻 r，可使流过回路的电流成为某一定值 I_0，这样 AB 上有一定的电位降产生。工作电源 E 可用电池或稳压电源，其输出电压必须大于待测电池的电动势。

（2）标准回路　E_n 为标准电池，C 是可在 AB 上移动的触点，D 是双向电钥，K 是电键，KC 间有一灵敏度很高的检流计 G。当 D 扳向 E_n 一方时，校准工作回路接通，可以确定 AB 上的电位降。如标准电池 E_n 的电动势为 1.01865 伏，则先将 C 点移动到 AB 上标记 1.01865 伏的 C_2 处，闭合 K，迅速调节 r 直至 G 中无电流通过。这时 E_n 的电动势与 AC_2 之间的电位降大小相等、方向相反而对消。

（3）测量回路　当 D 换向 E_x 的一方时，在保持工作电流不变的情况下，闭合 K，将 C 在 AB 上迅速移动到 C_1 点，使 G 中无电流通过，这时 E_n 的电动势与 AC_2 间的电位降大小相等，方向相反而对消，于是 C_1 点所标记的电位降为 E_n 的电动势。由于使用过程中工作电池的电压会有所变化，要求每次测量前均需重新校准工作回路的电流。

实际应用的电位差计，滑线电阻由一系列标准电阻串联而成，工作电流总是标定为一固定数值 I_0，使电位差计总是在统一的 I_0 下达到平衡，从而可以将待测电动势的数值直接标度在各段电阻上（即标在仪器面板上），这样就可直接读取电动势的值。

2. 电极电势的计算

原电池由正、负两极和电解质溶液组成，电池的电动势等于两个电极电势的差值。

$$E = \varphi_+ - \varphi_-$$

式中，φ_+ 是正极的电极电势；φ_- 是负极的电极电势。

以 Cu-Zn 电池为例，电池表达式为

$$Zn \mid ZnSO_4(a_1) \parallel CuSO_4(a_2) \mid Cu$$

符号"|"代表两相界面；"‖"代表盐桥；a 为物质的活度。

负极反应为：$Zn - 2e \longrightarrow Zn^{2+}$；

正极反应为：$Cu^{2+} + 2e \longrightarrow Cu$

电池反应为：$Zn + Cu^{2+}(a_2) \longrightarrow Cu + Zn^{2+}(a_1)$

Zn 电极的电极电势

$$\varphi_{Zn^{2+}|Zn} = \varphi_{Zn^{2+}|Zn}^{\ominus} - \frac{RT}{2F}\ln\frac{a_{Zn}}{a_{Zn^{2+}}} \tag{2-25}$$

Cu 电极的电极电势

$$\varphi_{Cu^{2+}|Cu} = \varphi_{Cu^{2+}|Cu}^{\ominus} - \frac{RT}{2F}\ln\frac{a_{Cu}}{a_{Cu^{2+}}} \tag{2-26}$$

所以 Cu-Zn 电池的电池电动势为

$$E = \varphi_{Cu^{2+}|Cu} - \varphi_{Zn^{2+}|Zn} = \varphi_{Cu^{2+}|Cu}^{\ominus} - \varphi_{Zn^{2+}|Zn}^{\ominus} - \frac{RT}{2F}\ln\frac{a_{Cu}a_{Zn^{2+}}}{a_{Cu^{2+}}a_{Zn}} = E^{\ominus} - \frac{RT}{2F}\ln\frac{a_{Cu}a_{Zn^{2+}}}{a_{Cu^{2+}}a_{Zn}} \tag{2-27}$$

纯固体的活度为 1，$a_{Cu} = a_{Zn} = 1$。

所以

$$E = E^{\ominus} - \frac{RT}{2F}\ln\frac{a_{Zn^{2+}}}{a_{Cu^{2+}}} \tag{2-28}$$

在一定温度下电极电势的大小决定于电极的性质和溶液中有关离子的活度。由于电极电势的绝对值不能测量，所以在电化学中，通常将标准氢电极的电极电势规定为零，其他电极的电极电势值是与标准氢电极比较而得到的相对值。由于使用标准氢电极条件要求苛刻，实际中常用电势稳定的可逆电极作为参比电极来代替标准氢电极，如甘汞电极、银-氯化银电极等，这些电极的标准电极电势值已精确测出，在物理化学手册中可以查到，实际使用时更加方便，Cu、Zn 电极的温度系数及标准电极电势见表 2-12。

表 2-12　Cu、Zn 电极的温度系数及标准电极电势

电极	电极反应	$\alpha \times 10^4/(V/K)$	$\beta \times 10^7/(V/K^2)$	$\varphi_{298}^{\ominus}/V$
Cu/Cu^{2+}	$Cu^{2+} + 2e \longrightarrow Cu$	-0.16	—	0.3419
$Zn(Hg)/Zn^{2+}$	$Zn^{2+} + 2e + Hg \longrightarrow Zn(Hg)$	1.00	6.2	-0.7627

本实验用锌电极、铜电极分别与饱和甘汞电极或银-氯化银电极作参比电极构成原电池，测量电池电动势，就可计算铜、锌电极电势。

必须指出，电极电势大小，不仅与电极种类、溶液浓度有关，而且与温度有关。本实验是在实验温度下测得的电极电势 φ_T，由式（2-25）或式（2-26）可计算 $\varphi_T^{\ominus}$，为了方便起见，可采用下式求出 298K 时的标准电极电势 $\varphi_{298}^{\ominus}$：

$$\varphi_T^{\ominus} = \varphi_{298}^{\ominus} + \alpha(T-298) + \frac{1}{2}\beta(T-298)^2$$

式中，α、β 为电池电极的温度系数。对 Cu-Zn 电池来说：

铜电极（$Cu^{2+}|Cu$），$\alpha = -1.6 \times 10^{-5} V/K$，$\beta = 0$

锌电极 [$Zn^{2+}|Zn(Hg)$]，$\alpha = 1.0 \times 10^{-4} V/K$，$\beta = 6.2 \times 10^{-7} V/K^2$

仪器和试剂

UJ-25 型电位差计　　　　　　　　　　　　　　　　　　检流计

标准电池   电极管

工作电池(3V)   电线若干

铜、锌电极   饱和甘汞电极

银-氯化银电极   硫酸铜(分析纯)

氯化钾(分析纯)   硫酸锌(分析纯)

实验步骤

1. 铜、锌电极的制备：分别将铜、锌电极用抛光粉抛光后用蒸馏水淋洗，再用少量待测液淋洗。将洗好后的电极插入装好电解质溶液的电极管中，注意电极管中不能有气泡，旋紧塞子。

2. 电池电动势的测量

(1) 组装待测电池

① $Zn|ZnSO_4(0.1000mol \cdot L^{-1})\|KCl(饱和)|AgCl|Ag$

② $Zn|ZnSO_4(0.1000mol \cdot L^{-1})\|KCl(饱和)|Hg_2Cl_2|Hg$

③ $Hg|Hg_2Cl_2|KCl(饱和)\|CuSO_4(0.1000mol \cdot L^{-1})|Cu$

④ $Ag|AgCl|KCl(饱和)\|CuSO_4(0.1000mol \cdot L^{-1})|Cu$

⑤ $Zn|ZnSO_4(0.1000mol \cdot L^{-1})\|CuSO_4(0.1000mol \cdot L^{-1})|Cu$

⑥ $Cu|CuSO_4(0.0100mol \cdot L^{-1})\|CuSO_4(0.1000mol \cdot L^{-1})|Cu$

以电池①为例：用饱和 KCl 溶液做盐桥，按图 2-36 组装好待测电池。图 2-37 为待测电池⑤ Cu-Zn 原电池示意图。

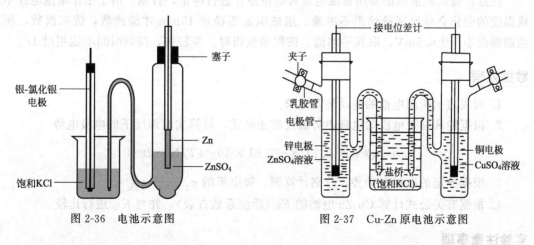

图 2-36   电池示意图   图 2-37   Cu-Zn 原电池示意图

(2) 用电位差计测量电池电动势

① 本实验使用 UJ-25 型电位差计，其面板布局如图 2-38 所示。使用时先将有关的外部线路如工作电池、检流计、标准电池和待测电池等连接好。切不可将标准电池倒置或摇动。

② 接通电源，调节好检流计光点的零位。

③ 将换向开关扳向"N"(校正)，调节标准电池温度补偿旋钮，使其读数值与标准电池的电动势值一致(注意标准电池电动势的数值受温度影响会发生变动，调节前应先计算实验温度下标准电池电动势的准确数值)。

断续按下粗按钮(当按下粗按钮时，检流计光点在一小格范围内摆动才能按细按钮。注意按键时间不能超过 1s)，视检流计光点的偏转情况，调节可变电阻 r(粗、中、细、微)使

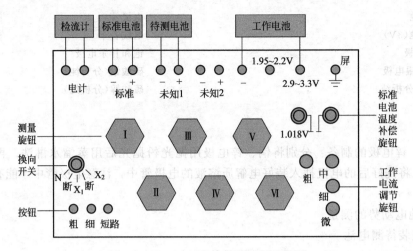

图 2-38　UJ-25 型电位差计面板示意图

检流计光点指示零位。

④ 将换向开关扳向"X_1"（若待测电池接于未知 2，则扳向"X_2"），根据理论计算出待测电池的电动势，将各挡测量旋钮（六个大旋钮）预置在合适的位置。轻按粗按钮（当按下粗按钮时，检流计光点在一小格范围内摆动才能按细按钮。注意按键时间不能超过 1s）根据检流计光点偏转情况旋转各测量挡旋钮，至检流计光点指示零位，此时电位差计各测量挡小孔示数的总和，即为被测电池的电动势。

注意，每次测量前都要用标准电池对电位差计进行标定，否则，由于工作电池电压不稳或温度的变化会导致测量结果不准确。组成电池需稳定 15min 才能读数，读三次数，所读数的偏差小于 ± 0.5mV，取其平均值。按粗细按钮时，要轻按，按键时间不能超过 1s。

数据处理

1. 列表表示所测电池的电动势测定值。

2. 根据饱和甘汞电极的电极电势温度校正公式，计算实验温度下的电极电势

$$\varphi_{SCE}/V = 0.2415 - 7.61 \times 10^{-4}(T/K - 298)$$

3. 根据测定的电池电动势，分别计算铜、锌电极的 φ_T、$\varphi_T^{\ominus}$、$\varphi_{298}^{\ominus}$。

4. 根据有关公式计算 Cu-Zn 电池的 $E_{理}$（活度系数查表），并与 $E_{实}$ 进行比较。

实验注意事项

1. 标准电池：①使用温度 4～40℃，②正确连接正、负极，③标准电池不能倒置，④不能直接用万用电表测量其电动势，⑤标准电池不能做电源使用。

2. 测试时必须先按"粗"按钮观察检流计光点是否为零，当检流计光点为零以后再按下"细"按钮观察检流计光点是否为零。无论在校正还是测量过程中，不能将电键长时间地按下（以免电极被极化），而应是轻轻按下，迅速观察检流计的情况，然后放开按钮，调整相应旋钮后在按按钮检查。反复调整达到目的。在没有调准的情况下长时间地按下按钮（甚至锁定）会造成标准电池或待测电池长期放电，将损坏标准电池，或测量误差很大。

3. 测量过程中若出现检流计受到冲击时，应迅速按下"短路"按钮以保护检流计。

4. 实验中的废液、废物不能直接倒入下水道，而应倒入废液桶，以便集中处理。

思考题

1. 为什么不能用伏特计测量电池电动势？

2. 对消法测量电池电动势的主要原理是什么？

3. 应用电位差计测量电动势过程中，若检流计光点总是朝向一个方向偏转，可能是什么原因？

参考文献

[1] 武汉大学化学与分子科学学院实验中心. 物理化学实验. 武汉：武汉大学出版社，2012：63-71.

[2] 复旦大学，等. 物理化学实验. 北京：高等教育出版社，2004：68-73.

[3] 傅献彩，沈文霞，姚天扬，等. 物理化学. 北京：高等教育出版社，2009：64-66.

附录5　原电池电动势的测定及其应用实验数据的计算机处理方法

（1）室温下饱和甘汞电极电极电势的计算　打开 Excel 软件（如表 2-13 所示），在 A2 录入室温 $T/℃$。在 B2 编辑公式 $T/℃ + 273.15$，即"A2+273.15"，可求出室温的开氏温度。在 C2 编辑公式 $0.2415 - 7.61 \times 0.0001 \times (T-298.15)$，即"0.2415-7.61*0.0001*(B2-298.15)"，可求出该室温下饱和甘汞电极的电极电势 $\varphi_{饱和甘汞}/V$。

表 2-13　室温下饱和甘汞电极电势相关数据

	A	B	C
	$T/℃$	T/K	$\varphi_{饱和甘汞}/V$
1			
2			

（2）$\varphi^{\ominus}_{298.15(Cu)}$ 的计算　在 D2 录入实验测得的 $Hg|Hg_2Cl_2|KCl$（饱和）$‖CuSO_4$（$0.1000mol \cdot L^{-1}$）$|Cu$ 电池的电动势 $E_{(Hg-Cu)}/V$（如表 2-14 所示，为表 2-13 的续表），在 E2 编辑公式 $\varphi_{饱和甘汞} + E_{(Hg-Cu)}$，即"C2+D2"，可求出铜电极的 φ_T。在 F2 编辑公式 $8.314 \times T \times \dfrac{4.19971}{2 \times 96500} + \varphi_{T(Cu)}$，即"8.314*B2*4.19971/(2*96500)+E2"，即可求出铜电极的 $\varphi^{\ominus}_T$。在 G2 编辑公式 $\varphi^{\ominus}_T(Cu) + 0.000016 \times (T-298.15)$，即"F+0.000016*(B2-298.15)"，可求出铜电极的 $\varphi^{\ominus}_{298.15}$。

表 2-14　$\varphi^{\ominus}_{298.15(Cu)}$　计算的相关数据

D	E	F	G
$E_{(Hg-Cu)}/V$	$\varphi_T(Cu)/V$	$\varphi^{\theta}_T(Cu)/V$	$\varphi^{\theta}_{298}(Cu)/V$

（3）$\varphi^{\ominus}_{298.15(Zn)}$ 的计算　在 H2 录入实验测得的 $Zn|ZnSO_4$（$0.1000mol \cdot L^{-1}$）$‖KCl$（饱和）$|Hg_2Cl_2|Hg$ 电池电动势 $E_{(Zn-Hg)}/V$（如表 2-15 所示），在 I2 编辑公式 $\varphi_{饱和甘汞} - E_{(Zn-Hg)}$，即"C2-H2"，即可求出锌电极的 φ_T。在 J2 编辑公式 $8.314 \times T \times \dfrac{4.19971}{2 \times 96500} + \varphi_{T(Zn)}$，即"8.314*B2*4.19971/(2*96500)+I2"，可求出锌电极的 $\varphi^{\ominus}_T$。在 K2 编辑公式

$$\varphi_{T(Zn)}^{\ominus} - 0.00001 \times (T-298.15) - 0.5 \times 0.00000062 \times (T-298.15) \times (T-298.15)$$

即"J2−0.00001 * (B2−298.15)−0.5 * 0.00000062 * (B2−298.15) * (B2−298.15)",可求出锌电极的 $\varphi_{298.15}^{\ominus}$。

表 2-15 $\varphi_{298.15(Zn)}^{\ominus}$ 计算的相关数据

H	I	J	K
$E_{(Cu-Zn)理论}$/V	$\varphi_{T(Zn)}$/V	$\varphi_{T(Zn)}^{\theta}$/V	$\varphi_{298(Zn)}^{\theta}$/V

(4) $\varphi_{T(Cu)}^{\ominus}$ 理论值的计算　在 L2(如表 2-12 所示)录入铜电极的理论电势 $\varphi_{298.15(Cu)}^{\ominus}$，在 M2 编辑公式 $\varphi_{298.15(Cu)}^{\ominus} - 0.000016 \times (T-298.15)$，即"L2−0.000016 * (B2−298.15)"，求出 $\varphi_{T(Cu)}^{\ominus}$ 的理论值。

(5) $\varphi_{T(Zn)}^{\ominus}$ 理论值的计算　在 N2 录入锌电极的理论电势 $\varphi_{298.15(Zn)}^{\theta}$（如表 2-16 所示），在 O2 编辑公式 $\varphi_{298.15(Zn)}^{\theta} + 0.00001 \times (T-298.15) + 0.5 \times 0.00000062 \times (T-298.15) \times (T-298.15)$，即"N2+0.00001 * (B2−298.15)+0.5 * 0.00000062 * (B2−298.15) * (B2−298.15)"，则会求出理论的 $\varphi_{T(Zn)}^{\ominus}$。

表 2-16 $\varphi_{T(Cu)}^{\theta}$ 和 $\varphi_{T(Zn)}^{\theta}$ 理论值计算的相关数据

L	M	N	O
$\varphi_{298(Cu)理论}^{\theta}$/V	$\varphi_{T(Cu)}^{\theta}$/V	$\varphi_{298(Zn)理论}^{\theta}$/V	$\varphi_{T(Zn)}^{\theta}$/V

(6) 电动势误差计算　在 P2 编辑公式理论电势 $\varphi_{T(Cu)}^{\ominus} - \varphi_{T(Zn)}^{\ominus}$（如表 2-17 所示），即"M2−O2"，可求出铜锌电池理论的电动势 $E_{(Cu-Zn)}$ 值。在 Q2 录入实验中测得的铜锌电池的 $E_{(Cu-Zn)}$。在 R2 编辑公式 $\dfrac{[E_{(Cu-Zn)} - E_{(Cu-Zn)理论}]}{E_{(Cu-Zn)理论}}$，即"(Q2−P2)/P2"，即可求出实验与理论值的误差。

表 2-17 电动势误差计算相关数据

P	Q	R
$E_{(Cu-Zn)理论}$/V	$E_{(Cu-Zn)}$/V	误差

实验六
蔗糖水解反应速率常数的测定

实验目的

1. 用旋光法测定蔗糖水解反应的速率常数和半衰期。
2. 了解旋光仪的测量原理和使用方法。

3. 明确一级反应的特点。

实验原理

蔗糖水解反应为：

$$C_{12}H_{22}O_{11}(蔗糖)+H_2O \xrightarrow{H^+} C_6H_{12}O_6(葡萄糖)+C_6H_{12}O_6(果糖)$$

该反应在纯水中进行时反应速率极慢，而在 H^+ 离子催化作用下可以明显加快反应速率。由于在反应中水是大量存在的，可以近似认为水的浓度在反应前后不发生变化，H^+ 是催化剂，其浓度在反应前后不变。因此，反应速率只与蔗糖浓度成正比，此反应可看做一级反应，其反应速率方程为：

$$-\frac{dc}{dt} = kc \tag{2-29}$$

式中，c 为 t 时刻反应物（蔗糖）的浓度，k 为反应速率常数。将上式积分得：

$$\ln\left(\frac{c_0}{c}\right) = kt$$

$$\ln c = -kt + \ln c_0 \tag{2-30}$$

式中，c_0 是反应物（蔗糖）的初始浓度。若以 $\ln(c/\text{mol} \cdot \text{dm}^{-3})$ 对 t 作图，可得一直线，由直线斜率即可求得反应速率常数 k。

在本反应中，反应物及产物均具有旋光性，且旋光能力不同，故可用体系反应过程中旋光度的变化来跟踪反应进程。测量旋光度所用的仪器称为旋光仪。所测旋光度的大小与溶液中所含旋光物质的旋光能力、溶剂性质、溶液的浓度、样品管长度、光源波长以及温度等均有关系。在其他条件均固定时，旋光度 α 与反应物浓度有直线关系，即

$$\alpha = \beta c$$

式中，比例常数 β 与物质的旋光度、溶剂性质、溶液浓度、样品管长度、温度等均有关。

物质的旋光能力用比旋光度 $[\alpha]_D^{20}$ 来度量，反应物蔗糖是右旋性的物质，比旋光度 $[\alpha]_D^{20} = 66.6°$，生成物中葡萄糖也是右旋性物质，比旋光度 $[\alpha]_D^{20} = 52.5°$，果糖是左旋性物质，比旋光度 $[\alpha]_D^{20} = -91.9°$。由于生成物中果糖的左旋性比葡萄糖的右旋性大，因此当水解作用进行时，右旋角不断减小，到反应终了时，体系将变成左旋。

设最初的旋光度为 α_0，最后的旋光度为 α_∞，则

$$\alpha_0 = \beta_{反} c_0 （蔗糖尚未转化, t=0） \tag{2-31}$$

$$\alpha_\infty = \beta_{生} c_0 （蔗糖全部转化, t=\infty） \tag{2-32}$$

式中，$\beta_{反}$、$\beta_{生}$ 分别为反应物与生成物的比例常数；c_0 为反应物的初始浓度，亦即生成物最后的浓度。当时间为 t 时，蔗糖浓度为 c，旋光度为 α_t，则

$$\alpha_t = \beta_{反} c + \beta_{生}(c_0 - c) \tag{2-33}$$

由式(2-31)和式(2-32)得：

$$c_0 = \frac{\alpha_0 - \alpha_\infty}{\beta_\text{反} - \beta_\text{生}} = K(\alpha_0 - \alpha_\infty) \tag{2-34}$$

由式(2-32)和式(2-33)得:

$$c = \frac{\alpha_t - \alpha_\infty}{\beta_\text{反} - \beta_\text{生}} = K(\alpha_t - \alpha_\infty) \tag{2-35}$$

将式(2-34)和式(2-35)代入式(2-30)得

$$\ln\left(\frac{\alpha_0 - \alpha_\infty}{\alpha_t - \alpha_\infty}\right) = kt \tag{2-36}$$

或 $$\ln(\alpha_t - \alpha_\infty) = -kt + \ln(\alpha_0 - \alpha_\infty) \tag{2-37}$$

以 $\ln(\alpha_t - \alpha_\infty)$ 对 t 作图可得一直线，由直线斜率即可求得反应速率常数 k。反应物浓度消耗一半所需要的时间称为半衰期，用 $t_{1/2}$ 表示。将 $c = \frac{1}{2}c_0$ 代入式(2-30)，得

$$t_{1/2} = \frac{1}{k}\ln\frac{c_0}{\frac{1}{2}c_0} = \frac{\ln2}{k} \tag{2-38}$$

上式说明一级反应的半衰期只与反应速率常数 k 有关，而与反应物的初始浓度无关。这是一级反应的一个特点。

仪器和试剂

WZZ-2S 自动旋光仪   碘量瓶(100mL)
秒表   量筒(100mL)
移液管(25mL)   细口瓶(500mL,公用)
水浴装置
蔗糖(AR)   盐酸(AR)

实验步骤

1. 熟悉旋光仪的使用及读数(用前需预热 10min)。

2. 用水练习样品管的装样技术，关键是样品管内不能有气泡。

3. α_t 的测定

称 30g 蔗糖加 150mL 水溶解后，转移到细口瓶中待用(可供 4 组使用)。

用 25mL 移液管吸取 25mL 蔗糖溶液至 100mL 碘量瓶中，再用另一支 25mL 移液管吸取 25mL $4\text{mol} \cdot \text{dm}^{-3}$ HCl 溶液至装有 25mL 蔗糖溶液的碘量瓶中(HCl 由移液管大约流出一半时开始记录反应时间)，并使之混合均匀，迅速用少量反应液洗样品管 2 次，然后将反应液装满样品管，盖好玻璃片，旋紧套盖，此时，样品管内不能有气泡存在。将样品管外面的液体擦净，迅速放入旋光仪内，测旋光度。第 1 个数必须在 2～4min 时读出，10min 内每 2min 读一次数，11～30mim 每隔 5min 读一次数，40、50min 各读一次数，共测 50min。

4. α_∞ 的测定

将装有剩余反应液的碘量瓶置于 50～60℃水浴中加热 30min，然后取出碘量瓶使溶液冷却至实验温度，再测此溶液的旋光度，即为 α_∞ 值。注意水浴温度不可过高，否则将产生副

反应，溶液颜色变黄。加热过程亦应避免溶液蒸发影响 α_∞ 的测定。

由于反应液酸性较强，对旋光仪有很强腐蚀性，因此实验结束后，必须立即将所用仪器擦拭干净。

数据处理

1. 将实验记录的数据及处理结果列表表示。
2. 以 $\ln(\alpha_t - \alpha_\infty)$ 对 t 作图求速率常数 k 和半衰期 $t_{1/2}$。

思考题

1. 蔗糖的转化速率和哪些因素有关？
2. 如何判断某一旋光物质是左旋还是右旋？
3. 为什么配蔗糖溶液和盐酸溶液时不用精确配制？
4. 简述一级反应的特点。

参考文献

[1] [苏] 伏洛勃约夫，等. 物理化学实验. 北京：高等教育出版社，1954：129.

[2] Daniels F，Alberty R A，Williams J W，et al. Experimental Physical Chemistry. 7th edn. New York：McGraw-Hill, Inc，1975：149.

[3] 印永嘉，李大珍. 物理化学简明教程. 北京：高等教育出版社，1980：445.

附录 6.1　等时间间隔法测蔗糖水解反应速率常数的原理

用等时间间隔法测蔗糖水解反应速率常数的优点是不用测 α_∞。

蔗糖水解反应为：

$$C_{12}H_{22}O_{11}(蔗糖) + H_2O \xrightarrow{H^+} C_6H_{12}O_6(葡萄糖) + C_6H_{12}O_6(果糖)$$

$$-\frac{dc}{dt} = kc \tag{2-39}$$

作不定积分得：　$c = c_0 e^{-kt}$

$$c_1 = c_0 e^{-kt}$$

$$c_2 = c_0 e^{-k(t+\Delta t)} \qquad \Delta t = 30\text{min}$$

$$c_1 - c_2 = c_0 e^{-kt}(1 - e^{-k\Delta t})$$

$$\ln(c_1 - c_2) = -kt + \ln[c_0(1 - e^{-k\Delta t})] \tag{2-40}$$

设最初的旋光度为 α_0，最后的旋光度为 α_∞，则

$$\alpha_0 = \beta_{反} c_0 (蔗糖尚未转化, t = 0)$$

$$\alpha_\infty = \beta_{生} c_0 (蔗糖全部转化, t = \infty)$$

式中，$\beta_{反}$、$\beta_{生}$ 分别为反应物与生成物的比例常数；c_0 为反应物的初始浓度，亦即生成物最后的浓度。当时间为 t 时，蔗糖浓度为 c，旋光度为 α_t，则

$$\alpha_t = \beta_{反} c + \beta_{生}(c_0 - c)$$

$$\alpha_1 = \beta_{反} c_1 + \beta_{生}(c_0 - c_1)$$

$$\alpha_2 = \beta_{反} c_2 + \beta_{生}(c_0 - c_2)$$

$$\alpha_1 - \alpha_2 = (\beta_{反} - \beta_{生})(c_1 - c_2)$$

$$(c_1 - c_2) = \frac{\alpha_1 - \alpha_2}{(\beta_{反} - \beta_{生})} \quad \text{代入式(2-40)中得}$$

$$\ln(\alpha_1 - \alpha_2) = -kt + \ln[c_0(\beta_{反} - \beta_{生})(1 - e^{-k\Delta t})]$$

以 $\ln(\alpha_1 - \alpha_2)$ 对 t 作图得到一条直线,由直线的斜率可求出速率常数 k,由 k 求出 $t_{1/2}$。

$(\alpha_1 - \alpha_2)$ 值的确定方法为:先以 α_t 对 t 作图得一条曲线(见图2-39)。由 α_t-t 图上读出相等时间间隔(每隔5min读1个数)时的 α 值,将数据列入表2-18:

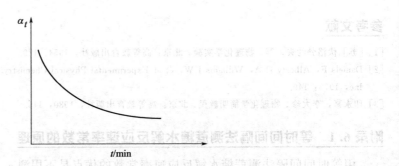

图 2-39 α_t 对 t 的示意图

表 2-18   时间间隔的选择及其旋光度数据记录

t/min	α_1	$(t + \Delta t)$/min	α_2
5		35	
10		40	
15		45	
20		50	
25		55	
30		60	

本实验 Δt 为30min,如 Δt 过小,$(\alpha_1 - \alpha_2)$ 的误差会较大。

附录6.2   WZZ-2S 自动旋光仪的工作原理和使用方法

旋光仪是测定物质旋光度的仪器。通过旋光度的测定,可以分析确定物质的浓度、含量及纯度等,广泛地应用于制糖、制药、石油、食品、化工等工业部门及有关高等院校和科研单位。旋光仪有 WXG-4 圆盘旋光仪、WZG-1 光学旋光仪、WZZ-T 投影式自动旋光仪、WZZ-2S 自动旋光仪、WZZ-2SS 自动旋光糖量计等多种型号。

6.2.1 基本原理

众所周知，可见光是一种波长为 $380\sim780nm$ 的电磁波，由于发光体发光的统计性质，电磁波的电矢量的振动方向可以取垂直于光传播方向上的任意方位，通常叫做自然光。利用某些器件(例如偏振器)可以使振动方向固定在垂直于光波传播方向的某一方位上，形成所谓平面偏振光，平面偏振光通过某种物质时，偏振光的振动方向会转过一个角度，这种物质叫做旋光物质，偏振光所转过的角度叫旋光度。如果平面偏振光通过某种纯的旋光物质，旋光度的大小与平面偏振光的波长 λ、旋光物质的温度 t 和旋光物质的种类素有关，波长不同、温度不同以及旋光物质种类不同所测得的旋光度不同。

一般用比旋度 $[\alpha]_{\lambda}^{t}$ 来表示某种物质的旋光能力。$[\alpha]_{\lambda}^{t}$ 表示单位长度的某种旋光物质在温度为 $t℃$、波长为 λ 时的旋光度。

旋光度与平面偏振光所经过的旋光物质的长度 L 有关，这样在温度为 $t℃$，长度为 L 时，具有比旋度为 $[\alpha]_{\lambda}^{t}$ 的旋光物质对波长为 λ 的平面偏振光的旋光度 α_{λ}^{t} 由下式表示：

$$\alpha_{\lambda}^{t} = [\alpha]_{\lambda}^{t} \cdot L$$

如果旋光物质溶于某种没有旋光性的溶剂中，浓度为 c，则

$$\alpha_{\lambda}^{t} = [\alpha]_{\lambda}^{t} \cdot L \cdot c \tag{2-41}$$

若波长一定，在某一标准温度下例如 20℃，事先已知测试物质的比旋度 $[\alpha]_{\lambda}^{t}$，测试溶液的长度一定，此时若用旋光仪测出旋光度 α_{λ}^{t}，则可由式(2-41)计算出溶液中旋光物质的浓度 c。

倘若溶质中除含有旋光物质外还含有非旋光物质，则可由配制溶液时的浓度和由式(2-42)求得的旋光物质的浓度 c，算得旋光物质的含量或纯度。

旋光度与使用光波的有效波长的依赖关系是十分强烈的，尽管仪器中使用了光谱灯，但是，由于不可避免的谱线背景及其他原因，有效波长还是会随所使用的光源的不同，或因使用时间太久而变化，并会引起明显的测数误差，因此有必要校正有效波长。所使用的校正工具是石英校正管，标有在 $589.44nm$ 波长时，该校正管的旋光度值 $\alpha_{589.44}^{20}$，若在温度为 $t℃$，仪器测得该石英校正管 $\alpha_{589.44}^{t}$ 为

$$\alpha_{589.44}^{t} = [\alpha]_{589.44}^{20} [1 + 0.000144 \times (t-20)] \tag{2-42}$$

若测量值与计算值一致，则说明仪器光源的有效波长与 $589.44nm$ 一致。若不一致则须调整仪器中校正有效波长的装置，以使读数与式(2-42)所得结果的一致，或在允许范围内。为了提高有效波长的校正精度，希望取旋光度大一些的石英校正管作为校正工具。

6.2.2 仪器的结构与测试原理

(1) 仪器结构 WZZ-2S 数字式自动旋光仪的结构如图 2-40 所示。

(2) 旋光度的测试原理 由图 2-40 可见，光源发出波长为 $589.44nm$ 的单色光依次通过聚光镜、物镜、起偏器、调制器、准直镜，形成一束振动平面随法拉第线圈中交变电压而变化的准直的平面偏振光，经过装有待测溶液的样品管后射入检偏器，再经过接收物镜、滤色片、光栏进入光电倍增管，光电倍增管将光强信号转变成电讯号，并经前置放大器放大。

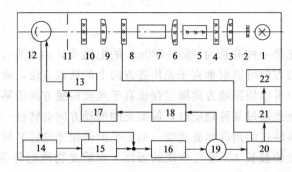

图 2-40　仪器结构

1—光源；2—聚光镜；3—物镜；4—起偏器；5—调制器；6—准直镜；7—样品管；
8—检偏器；9—物镜；10—滤色片；11—光栏；12—光电倍增管；13—自动高压；
14—前置放大；15—选频放大；16—功率放大；17—非线性控制；18—测速反馈；
19—伺服电机；20—机械传动；21—模数转换；22—数字显示

若检偏器相对于起偏器偏离正交位置，则说明有具有频率为 f 的交变光强信号，相应地有频率 f 的电信号，此电信号经过选频放大，功率放大，驱动伺服电机通过机械传动带动检偏器转动，使检偏器向正交位置趋近直到检偏器到达正交位置，频率为 f 的电信号消失，伺服电机停转。

仪器开始正常工作时，检偏器即按照上述过程自动停在正交位置上，此时将计数器清零，定义为零位，若将装有旋光度为 α 的样品的试管放入试样室中，检偏器相对于入射的平面偏振光又偏离了正交位置 α 角，于是检偏器按照前述过程再次转过 α 角获得新的正交位置。模数转换器和计数电路将检偏器转过的 α 角转换成数字显示，于是就测得了待测样品的旋光度。

（3）自动高压　自动高压是按照入射到光电倍增管的光强自动改变光电倍增管的高压，以适应测量透过率为 1% 的深色样品的需要。

6.2.3　仪器的使用方法

（1）实验条件要求　本仪器应在正常的照明、室温和湿度条件下使用，防止在高温高湿的条件下使用，避免经常接触腐蚀性气体，否则将影响使用寿命，本仪器的基座或工作台安放应牢固稳定，并基本水平。

（2）接通电源　将随机所附电源线一端插 220V、50Hz 电源（最好是稳压电源），另一端插入仪器背后的电源插口。

（3）准备样品管。

（4）清零　在已准备好的样品管中注入蒸馏水，放入仪器试样室的试样槽中，按下"清零"键，使读数显示为零。一般情况下本仪器如在不放样品管时示数为零，放入无旋光度溶剂后（例如蒸馏水）示数也为零，但必须注意，倘若在测试光束的通路上有小气泡或样品管的护片上有油污、不洁物或将试管护片旋得过紧而引起附加旋光度，则将会影响空白测定。在有空白测数存在时，必须仔细检查上述因素，或者用装有溶剂的空白样品管放入试样槽后再清零。

（5）样品的旋光度测定　除去空白溶剂，注入待测样品［装有试样的样品管，须注意（4）中所述的几个问题］，将样品管放入试样室的试样槽中，仪器的伺服系统动作，液晶屏显示所测的旋光度值，此时液晶屏显示"1"。注意：试管内腔应用少量被测试样冲洗3～5次。

（6）复测　按"复测"键一次，液晶屏显示"2"，表示仪器显示的是第二次测量结果，再次按"复测"键，显示"3"，表示仪器显示的是第三次测量结果。按"1 2 3"键，可切换显示各次测量的结果。按"平均"键，显示平均值，液晶屏显示"平均"。

（7）测深色样品　当被测样品透过率接近1%时仪器的示数重复性将有所降低，此系正常现象。

附录6.3　旋光法测定蔗糖转化反应的速率常数数据的计算机处理方法

（1）数据处理　打开 Excel 软件，在工作表的 A2、B2 和 C2 列分别录入反应时间 t、t 时刻所对应的旋光度 α_t 以及反应终止时的旋光度 α_∞，如表2-19所示。在 D 列编辑公式 $\ln(B-C)$，电脑会给出 $\ln(\alpha_t - \alpha_\infty)$ 的计算结果。

表2-19　旋光法测定蔗糖转化反应的速率常数

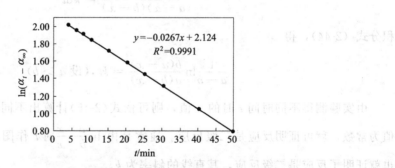

（2）作图　以反应时间 t（A 列）为横坐标，$\ln(\alpha_t - \alpha_\infty)$（D 列）为纵坐标作图，如图2-41所示。图中直线斜率的绝对值即为反应速率常数 k，将其填入表2-19中的 E2。在 F2 编辑公式 $\dfrac{\ln 2}{k}$，即"ln2/E2"，即可求出反应半衰期 $t_{1/2}$。

图2-41　蔗糖转化反应动力学曲线

实验七

乙酸乙酯皂化反应速率常数的测定

实验目的

1. 深入理解电导法测定乙酸乙酯皂化反应的速率常数基本设计思想。

2. 用电导法测定乙酸乙酯皂化反应的速率常数并计算反应的活化能。

3. 了解二级反应的特点。

4. 掌握电导率仪的使用方法。

实验原理

乙酸乙酯皂化反应是双分子反应，两种反应物的浓度可以相等，也可以不相等。当两种反应物的浓度不相等时，反应物浓度和生成物浓度随时间的变化可表示为

$$CH_3COOC_2H_5 + OH^- \Longrightarrow CH_3COO^- + C_2H_5OH$$

$t=0$	a	b	0	0
$t=t$	$a-x$	$b-x$	x	x
$t=\infty$	$a-b$	0	b	b

a、b 分别为乙酸乙酯和碱（NaOH）的起始浓度，x 为在 t 时刻生成物浓度，该反应的速率方程式为：

$$\frac{dx}{dt} = k(a-x)(b-x) \tag{2-43}$$

式中，k 为反应速率常数。

$$\frac{dx}{(a-x)(b-x)} = kdt \tag{2-44}$$

积分式（2-44），得

$$\frac{1}{a-b}\ln\frac{b(a-x)}{a(b-x)} = kt, （设 a > b） \tag{2-45}$$

由实验测得不同时间 t 时的 x 值，则可依式(2-45)计算出不同时间 t 时的 k 值。如果 k 值为常数，就可证明反应是二级反应。通常是由 $\ln\frac{a-x}{b-x}$ 对 t 作图，若所得的是一条直线，也就证明了反应是二级反应，其直线的斜率为 k。

不同时刻下生成物的浓度可用化学分析法测定（例如分析反应液中的 OH^- 浓度），也可以用物理化学分析法测定（如测量电导），本实验用电导仪测定反应体系的电导(G)值，跟踪反应进程，进而测定其反应速率常数，其基本设计思想为：

(1) 反应体系是稀水溶液，可以假定 CH_3COONa 全部电离。溶液中参与导电的离子有 Na^+、OH^- 和 CH_3COO^- 等，而 Na^+ 在反应前后浓度不变，溶液中 OH^- 的电导远远大于 CH_3COO^- 的电导（即反应物与生成物的电导值相差很大）。因此，随着反应的进行，OH^- 的浓度不断降低，溶液的电导值也就随着下降。

(2) 在稀溶液中，每种强电解质的电导与其浓度成正比，而且溶液的总电导就等于组成溶液的电解质的电导之和。

依据上述两点，对乙酸乙酯皂化反应来说，反应物与生成物只有 NaOH 和 CH_3COONa 是强电解质。在一定范围内，可以认为体系电导值的减少量与 CH_3COONa 的浓度 x 成正比，即

$$t=0 \quad x = \beta(G_0 - G_t) \tag{2-46}$$

$$t=\infty \quad b = \beta(G_0 - G_\infty) \tag{2-47}$$

式中，G_0 和 G_t 分别为溶液起始时和时间为 t 时的电导值，G_∞ 为反应终了时的电导值，β 为比例常数。由式(2-46)、式(2-47)可求出 x。

$$x = \frac{b(G_0 - G_t)}{G_0 - G_\infty} \tag{2-48}$$

将式(2-48)代入式(2-45)得：

$$\ln\left(\frac{a}{b} \times \frac{G_0 - G_\infty}{G_t - G_\infty} - \frac{G_0 - G_t}{G_t - G_\infty}\right) = (a-b)kt + \ln\frac{a}{b} \tag{2-49}$$

以 $\ln\left(\dfrac{a}{b} \times \dfrac{G_0 - G_\infty}{G_t - G_\infty} - \dfrac{G_0 - G_t}{G_t - G_\infty}\right)$ 对 t 作图，可得到一条直线，由直线斜率可以求出速率常数 k。

反应速率常数 k 与温度 T/K 的关系一般符合阿累尼乌斯公式，即

$$\frac{\mathrm{d}\ln k}{\mathrm{d}T} = \frac{E_\mathrm{a}}{RT^2} \tag{2-50}$$

当表观活化能 E_a 为常数的时候，对式(2-50)做不定积分和定积分，分别得

$$\ln k = -\frac{E_\mathrm{a}}{RT} + C \tag{2-51}$$

$$\ln\frac{k_2}{k_1} = \frac{E_\mathrm{a}}{R}\left(\frac{1}{T_1} - \frac{1}{T_2}\right) \tag{2-52}$$

式中，C 为积分常数。显然，在不同的温度下测定速率常数 k，由 $\ln k$ 对 $1/T$ 做图，应得一直线，由直线的斜率就可算出 E_a 的值，或者测两个温度下的速率常数代入式(2-52)可以计算出活化能。

仪器和试剂

SLDS-I 数显电导率仪	恒温槽
铂黑电极	水浴加热箱
短颈容量瓶(200mL)	秒表
粗试管 1 只	细试管 2 只
移液管(25mL)3 支	三角瓶(250mL)3 只
NaOH(分析纯)	乙酸乙酯(分析纯)
酚酞试剂	草酸(分析纯)
二次蒸馏水	

实验步骤

1. 配制溶液

(1) 乙酸乙酯的配制(浓度约为 $0.02\,\mathrm{mol \cdot L^{-1}}$) 将 200mL 的短颈容量瓶洗净，加少量二次蒸馏水(少于 1/3)，放在电子天平上去皮，滴加乙酸乙酯 0.35g 左右，准确称其重量并计算浓度。注意：在称量过程中容量瓶的盖子要盖好。

(2) NaOH 的配制(浓度约为 $0.02\,\mathrm{mol \cdot L^{-1}}$) 用台秤称 1g NaOH，用二次蒸馏水快速洗涤两次后，再加二次蒸馏水将 NaOH 溶解并把溶液转移至 500mL 塑料瓶中，用草酸标定

其浓度(用电子天平准确称取 3 份草酸分别放入 3 个三角瓶中,每份约 0.025g)。

2. 电导率仪的调节(参照本实验后面所附的电导率仪使用说明进行调节)

3. G_0 的测量

用移液管准确移取 25.0mL NaOH 溶液放到干燥的细试管中,再用另一只移液管准确移取 25.0mL 二次蒸馏水至该试管中,将溶液混合均匀。用滴管吸少量混合液淋洗电极 2 次,并把电极放入该试管中。将试管放到恒温槽中(控制实验所用 2 个恒温槽的温度分别为 25℃和 30℃)恒温 10min,然后测定 G_0,读 2 次数据(间隔 1min)取平均值。

4. G_t 的测量

用移液管移取 25.0mL NaOH 溶液放到干燥的粗试管中,用另一支移液管移取 25.0mL 乙酸乙酯溶液放到干燥的细试管中。将装有溶液的两支试管盖上胶塞并放到恒温槽中恒温 10min。取出两试管,用毛巾迅速擦干试管外壁,并迅速将乙酸乙酯倒入 NaOH 中(溶液倒入一半时开启秒表记录反应时间),将两个试管中的溶液迅速来回倒几次,使反应液混合均匀,将混合液全部倒入粗试管中,再将粗试管放入恒温槽中。用滴管吸少量反应液淋洗电极,将电极插入粗试管中(注意电极事先要恒温),塞紧胶塞,最好在第 3min 内读取第一个数据。实验中两名同学交替读数,记录自己的读数,共测 40min。

第 1 名同学读数时间为:3、5、7、9、12、15、18、21、26、30、34、38min。第 2 名同学读数时间为:4、6、8、10、13、16、19、24、28、32、36、40min。

5. G_∞ 的测量

测定 G_t 后,将粗试管置于 50～60℃的水浴箱中,加热 30min。取出后用自来水冷却并放入恒温槽中恒温 10min,测定 G_∞,读取 3 次数据(间隔 1min)取其平均值。

测完 G_∞,停止实验。清洗所用的玻璃仪器,将铂黑电极浸入蒸馏水中。

数据处理

1. 设计表格将数据列入表中

(1) 将相关常量列表表示。

(2) 将实验数据及处理结果填入表格中,并用电脑进行数据处理。

2. 用直角坐标纸,以 $\ln\left(\dfrac{a}{b} \times \dfrac{G_0 - G_\infty}{G_t - G_\infty} - \dfrac{G_0 - G_t}{G_t - G_\infty}\right)$ 对 t 作图,求速率常数 k。

3. 计算实验活化能。

思考题

1. 配制乙酸乙酯溶液时,为什么在容量瓶中要事先加入适量的二次蒸馏水?

2. 测 G_0 时,25mL NaOH 溶液为何要加 25mL 的二次蒸馏水?

3. 为什么乙酸乙酯与 NaOH 溶液的浓度不能太大?

4. 若乙酸乙酯与 NaOH 溶液的起始浓度相等时,应如何计算 k 值?

参考文献

[1] Daniels F, Alberty R A, Williams J W, et al. Experimental Physical Chemistry. 7th edn. New York: McGraw-Hill Inc, 1975: 144.

[2] 傅献彩, 沈文霞, 姚天扬, 等. 物理化学下册. 第5版. 北京: 高等教育出版社, 2006: 165.

附录 7.1 SLDS-I 数显电导率仪使用方法

（1）将电极插头插入电极插座（插头、插座上的定位销对准后，按下插头顶部即可），接通仪器电源，仪器处于校准状态，校准指示灯亮。让仪器预热 15min。

（2）用温度计测出被测液的温度后，将"温度补偿"旋钮的标志线置于被测液的实际温度相应位置，当"温度补偿"旋钮置于 25℃ 位置时，则无补偿作用。

（3）调节常数旋钮，使仪器所显示值为所用电极的常数标称值。若电极常数为 0.92，则调"常数"旋钮使显示 9200，若常数为 1.10，则调"常数"旋钮使显示 11000，依此类推。

（4）按"测量/转换"键，使仪器处于测量状态（测量指示灯亮），待显示值稳定后，该显示数值即为被测液体在该温度下的电导率值。

（5）测量中，若显示屏显示为"OUL"，表示被测值超出量程范围，应置于高一挡量程来测量，若读数很小，就置于低一挡量程，以提高精度。

（6）测量高电导的溶液，若被测溶液的电导率高于 $20mS \cdot cm^{-1}$ 时，应选用 DJS-10 电极，此时量程范围可扩大到 $200mS \cdot cm^{-1}$（$20mS \cdot cm^{-1}$ 挡可测至 200mS，$2mS \cdot cm^{-1}$ 挡可测至 $20mS \cdot cm^{-1}$，但显示数须乘 10）。测量纯水或高纯水的电导率，宜选 0.01 常数的电极，被测值＝显示数×0.01；也可用 DJS-0.1 电极，被测值＝显示数×0.1；被测液的电导低于 $30\mu S \cdot cm^{-1}$，宜选用 DJS-I 光亮电极。电导率高于 $30\mu S \cdot cm^{-1}$，应选用 DJS-1 铂黑电极。电导率范围及对应电极常数推荐表见表 2-20。

表 2-20　电导率范围及对应电极常数推荐表

电导率/($\mu S \cdot cm^{-1}$)	电阻率/($\Omega \cdot cm$)	推荐使用电极常数/cm^{-1}
0.05～2	20M～500K	0.01, 0.1
2～200	500K～5K	0.1, 1.0
200～2000	5K～500	1.0
2000～20000	500～50	1.0, 10
20000～$2×10^5$	50～5	10

（7）仪器可长时间连续使用，可用输出讯号（0～10mV）外接记录仪进行连续监测，也可选配 RS232C 串口，由电脑显示监测。

附录 7.2　乙酸乙酯皂化反应速率常数的测定实验数据计算机处理方法

打开 Excel 软件，在工作表中分别将反应时间 t、t 时刻所对应的电导率 G_t、反应起始及终止时的电导率 G_0 和 G_∞ 分别填入 A、B 列以及 A28 和 B28。根据式(2-49)处理数据。在 C 列编辑公式 $(a/b)*(G_0-G_\infty)/(G_t-G_\infty)$，即 "$(a/b)*(A28-B28)/(B-B28)$"，其中，NaOH 或 $CH_3COOC_2H_5$ 的起始浓度大者为 a，小者为 b，在 D 列编辑公式 $(G_0-G_t)/(G_t-G_\infty)$，即 "$(A28-B)/(B-B28)$"，在 E 列编辑公式 $\ln(C-D)$，会得到 $\ln[(a/b)*(G_0-$

$G_\infty)/(G_t-G_\infty)-(G_0-G_t)/(G_t-G_\infty)]$的结果(见表 2-21)。以 A 列为横坐标,E 列为纵坐标(简写为 lnM)作图,如图 2-42 所示。图中直线斜率即为反应速率常数 k。

表 2-21　电导法测定乙酸乙酯皂化反应的速率常数

	A	B	C	D	E
1	t/min	Gt/uS	1.2793*(G0-G∞)/(Gt-G∞)	(G0-Gt)/(Gt-G∞)	1n(C2-D2)
2	3	2840	1.784	0.394	0.1428
3	4	2730	1.959	0.531	0.1546
4	5	2630	2.151	0.681	0.1672
5	6	2580	2.262	0.768	0.1743
6	7	2530	2.385	0.864	0.1820
7	8	2470	2.551	0.994	0.1923
8	9	2420	2.709	1.117	0.2018
9	10	2380	2.849	1.227	0.2101
10	12	2310	3.134	1.450	0.2264
11	13	2270	3.324	1.598	0.2370
12	15	2200	3.719	1.907	0.2581
13	16	2170	3.918	2.063	0.2684
14	18	2130	4.219	2.298	0.2836
15	19	2110	4.388	2.430	0.2918
16	21	2070	4.770	2.728	0.3099
17	24	2010	5.485	3.288	0.3419
18	26	1980	5.930	3.635	0.3607
19	28	1950	6.453	4.044	0.3818
20	30	1930	6.856	4.359	0.3974
21	32	1900	7.566	4.914	0.4235
22	34	1880	8.126	5.352	0.4431
23	36	1870	8.438	5.596	0.4537
24	38	1850	9.142	6.146	0.4765
25	40	1830	9.973	6.795	0.5021
26					
27	G0	G∞			
28	2340	1030			

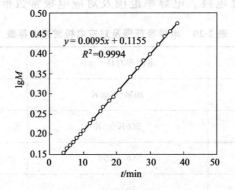

$y = 0.0095x + 0.1155$
$R^2 = 0.9994$

图 2-42　二级反应动力学曲线

实验八

最大泡压法测定溶液的表面张力

实验目的

1. 了解表面张力、表面自由能的定义,明确表面张力和吸附量的关系。
2. 掌握最大泡压法测定溶液表面张力的原理和技术。
3. 测定不同浓度正丁醇水溶液的表面张力,计算表面吸附量和正丁醇分子横截面积。

实验原理

1. 表面张力和表面吸附

界面科学是化学、物理、生物、材料、信息等学科之间相互交叉和渗透的一门重要的前沿学科，是当前三大科学技术(生命科学、材料科学和信息科学)联系的桥梁。通常将气-液、气-固界面现象称为表面现象。物质表面层的分子与内部分子周围的环境不同，内部分子所受四周邻近相同分子的作用力是对称的，各个方向的力彼此抵消，但表面层的分子一方面受到本相内物质分子的作用，另一方面又受到性质不同的另一相中物质分子的作用，因此表面层的性质与内部不同。在液体表面层中，每个分子都受到垂直于液面并指向液体内部的不平衡力，如图 2-43 所示，这种作用力使表面上的分子自发的向内挤压促成液体的最小面积。因此，液体表面缩小是一个自发过程。

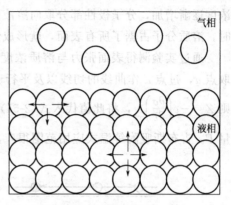

图 2-43　液体表面分子与内部分子受力情况

在温度、压力、组成恒定时，每增加单位表面积，体系的吉布斯自由能的增值称为表面吉布斯自由能($J \cdot m^{-2}$)，用 σ 表示。也可以看作是垂直作用在单位长度相界面上的力，即表面张力($N \cdot m^{-1}$)。欲使液体产生新的表面 ΔA_S，就需对其做表面功，其大小应与 ΔA_S 成正比，系数即为表面张力 σ：

$$-W = \sigma \times \Delta A_S \tag{2-53}$$

在一定温度下，纯液体的表面张力为定值，当加入溶质形成溶液时，分子间的作用力发生变化，表面张力也发生变化，其变化的大小决定于溶质的性质和加入量的多少。水溶液表面张力与其组成的关系大致有以下三种情况。

(1) 随溶质浓度增加表面张力略有升高；

(2) 随溶质浓度增加表面张力降低，并在开始时降得快些；

(3) 溶质浓度低时表面张力就急剧下降，于某一浓度后表面张力几乎不再改变。

以上三种情况溶质在表面层的浓度与体相中的浓度都不相同，这种现象称为溶液的表面吸附。根据能量最低原理，溶质能降低溶剂的表面张力时，表面层中溶质的浓度比溶液内部大；反之，溶质使溶剂的表面张力升高时，它在表面层中的浓度比在内部的浓度低。在指定的温度和压力下，溶质的吸附量与溶液的表面张力及溶液的浓度之间的关系遵守吉布斯(Gibbs)吸附方程：

$$\Gamma = -\frac{c}{RT}\left(\frac{\mathrm{d}\sigma}{\mathrm{d}c}\right)_T \tag{2-54}$$

式中，Γ 为溶质在表层的吸附量，$mol \cdot m^{-2}$；σ 为表面张力；c 为溶质的浓度。若 $\left(\dfrac{\mathrm{d}\sigma}{\mathrm{d}c}\right)_T <$ 0，则 $\Gamma > 0$，称为正吸附，此时表面层中溶质的浓度大于本体溶液中溶质的浓度。若 $\left(\dfrac{\mathrm{d}\sigma}{\mathrm{d}c}\right)_T$

>0，则 $\Gamma<0$，称为负吸附，此时表面层中溶质的浓度小于本体溶液中溶质的浓度。

能使表面张力降低的物质称为表面活性物质——表面活性剂，反之，称为非表面活性物质。在水溶液中，表面活性剂分子结构的特点是它具有不对称性，它是由具有亲水性的极性基团和具有憎水性非极性基团两部分构成。表面活性剂分子在溶液表面的排列情况随其在溶液中浓度的不同而异，在浓度极小的情况下，物质分子平躺在溶液表面上，如图 2-44 所示，浓度逐渐增加，分子极性部分取向溶液内部，而非极性部分取向空气，当浓度增至一定程度时，溶质分子占据了所有表面，就形成饱和吸附层。

通过实验测得表面张力与溶质浓度的关系，作 σ-c 曲线，如图 2-45 所示，在曲线上任取点 a，过点 a 作曲线的切线以及平行于横坐标的直线，分别交纵轴于 b 和 b_1，令 $bb_1=Z$，则 $Z=-c\left(\dfrac{\partial\sigma}{\partial c}\right)_T$，将此值代入式(2-54)得 $\Gamma=\dfrac{Z}{RT}$，利用此式可求出在该浓度时的溶质吸附量 Γ。吉布斯吸附等温式应用范围很广，但上述形式仅适用于稀溶液。

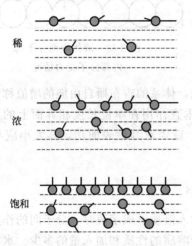

图 2-44 被吸附分子在界面上的排列

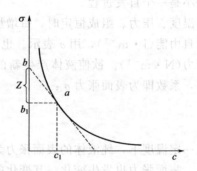

图 2-45 表面张力和浓度的关系

2. 饱和吸附与溶质分子横截面积

在一定温度下，吸附量与溶液浓度之间的关系由 Langmuir 等温式表示为：

$$\Gamma=\Gamma_\infty\frac{Kc}{1+Kc} \tag{2-55}$$

式中，K 为常数；Γ_∞ 为饱和吸附量（如液面吸满一层正丁醇分子时的吸附量）。将上式取倒数可得：

$$\frac{c}{\Gamma}=\frac{c}{\Gamma_\infty}+\frac{1}{K\Gamma_\infty} \tag{2-56}$$

由 $\dfrac{c}{\Gamma}$ 对 c 作图得一直线，由直线的斜率可求得 Γ_∞，如果以 N 代表 $1m^2$ 表面上溶质的分子数，则有 $N=\Gamma_\infty L$，式中，L 为阿伏加德罗常数，由此可进一步计算得每个正丁醇分子的横截面积：

$$S_B = \frac{1}{\Gamma_\infty L} \tag{2-57}$$

3. 表面张力的测定原理

测定溶液的表面张力有多种方法，最大泡压法是常用方法，也是本实验所采用的方法，其测量装置如图 2-46 所示。

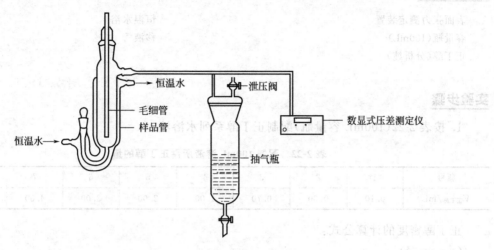

图 2-46　表面张力测量装置图

图 2-46 中毛细管下端与液面相切，毛细管上端的大气压为 p_0。测定管中气压为 p，当打开抽气瓶下端活塞时，抽气瓶中的水流出，体系压力 p 逐渐减小，毛细管上端的大气压力就会把毛细管液面逐渐压至管口，形成气泡，如图 2-47 所示。

在形成气泡的过程中，气泡曲率半径 r' 经历由大→小→大过程，即中间有一极小值等于毛细管半径 r，根据拉普拉斯公式 $\Delta p = p_0 - p = \dfrac{2\sigma}{r}$，此时气泡承受的压力差最大，此压力差可由压力计读出，故待测液的表面张力为：

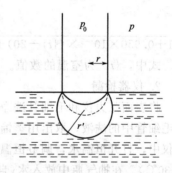

图 2-47　毛细管口出泡示意图

$$\sigma = \frac{r}{2} \times \Delta p_{\max} \tag{2-58}$$

若用同一支毛细管测试两种不同液体，其表面张力分别为 σ_1、σ_2，压力计测得最大压力差分别为 Δp_1、Δp_2，则：

$$\frac{\sigma_1}{\sigma_2} = \frac{\Delta p_1}{\Delta p_2} \tag{2-59}$$

若其中一种液体的 σ 已知，例如水，则另一种液体的表面张力可由上式求得。即：

$$\sigma_2 = \frac{\sigma_1}{\Delta p_1} \times \Delta p_2 = K \times \Delta p_2 \tag{2-60}$$

式中，$K = \dfrac{\sigma_1}{\Delta p_1}$ 称为仪器常数，可用某种已知表面张力的液体(常用蒸馏水)测得。如果将已知表面张力的液体作为标准，由实验测得其 Δp 后，就可求出仪器常数 K。然后只要用同一支毛细管测定其它液体的 Δp 值，通过式(2-60)计算，即可求得各种液体的表面张力 σ。

仪器和试剂

表面张力测定装置　　　　　　　　　　　　恒温水浴
容量瓶(100mL)　　　　　　　　　　　　　移液管
正丁醇(分析纯)

实验步骤

1. 按表 2-22(100mL 容量瓶)配制正丁醇系列水溶液。

表 2-22　配制 100mL 溶液所需正丁醇的量

瓶号	1	2	3	4	5	6	7	8
$V_{正丁醇}$/mL	0.10	0.30	0.70	1.00	2.00	3.00	4.00	5.00

正丁醇密度的计算公式：

$\rho/(\mathrm{g \cdot cm^{-3}})$

$$= \frac{0.8098}{1 + 0.950 \times 10^{-3} \times (\{t\} - 20) + 2.8634 \times 10^{-6} \times (\{t\} - 20)^2 - 0.12415 \times 10^{-8} \times (\{t\} - 20)^3}$$

式中，$\{t\}$ 为室温的数值。

2. 仪器检漏

将表面张力仪和毛细管洗净(毛细管泡在 H_2O_2-H_2SO_4 洗液中，使用时用洗耳球反复抽吸毛细管中的洗液，取出用蒸馏水冲洗干净，再用少量待测液润洗两次)。将毛细管放入表面仪中，打开恒温水，调节恒温槽的温度为 25℃(实验时若室温超过 23℃，恒温槽的温度调至 30℃)。在抽气瓶中放入水(自来水即可)，打开泄压阀(通大气)，打开表面仪左侧小瓶塞，加入蒸馏水至毛细管下端与液面刚好相切，盖上瓶塞。系统采零(按压力计上的采零按钮，使压力指示为零)关闭泄压阀。将抽气瓶下端的活塞打开缓慢滴水，使体系内的压力降低，精密数字压力计显示一定数字时，关闭抽气瓶下端的活塞，若 2～3min 内精密数字压力计数字基本不变，则说明体系不漏气，可以进行实验。

3. 仪器常数的测定

打开泄压阀，压力计显示为零(若不为零，按一下采零按钮，使压力指示为零)，关闭泄压阀，缓慢旋转抽气瓶下端的活塞使抽气瓶中的水慢慢滴出，气泡由毛细管底部冒出，通过调节抽气瓶滴水速度控制毛细管出泡的速度(每分钟 8～12 个泡，整个实验过程的出泡数应尽量相同)，当气泡刚脱离管端破裂的一瞬间，记录压力计上显示的压力值(瞬间精密数字压力计最大值)，读 3 次数，取平均值。

4. 不同浓度正丁醇水溶液表面张力的测定

按步骤 3 的方法由稀到浓进行测定。注意：每次换溶液时，都要将表面仪和毛细管用少量待测液润洗两次。

5. 实验完毕，使体系与大气相通。洗净玻璃仪器，表面仪中放入蒸馏水，毛细管放到 $H_2O_2\text{-}H_2SO_4$ 洗液中。最后结束实验者关闭电源。

数据处理

1. 将所测数据和计算的浓度及表面张力列表表示。

2. 作表面张力-浓度（$\sigma\text{-}c$）图（横坐标浓度从零开始，注意曲线必须圆滑）。在 $\sigma\text{-}c$ 曲线上任取 8 个点，过各点作曲线的切线，求得相应 $Z(bb_1)$ 值（如图 2-45 所示），计算出 Γ，并列表表示所求数据（c，Z，Γ）。

3. 作 $\Gamma\text{-}c$ 图，在曲线上任取 8 个点计算 $\dfrac{c}{\Gamma}$，并列表表示所求数据 $\left(c,\Gamma,\dfrac{c}{\Gamma}\right)$。

4. 作 $\dfrac{c}{\Gamma}\text{-}c$ 图，得直线，由直线斜率可求得 Γ_∞，由式(2-57)计算 S_B 值。

实验注意事项

1. 测定数据前要检查系统的气密性。方法是封闭系统，看压力计示数是否有变化，若有变化说明系统气密性不好，应仔细检查原因。

2. 测量溶液时要按由稀到浓进行，且每次测量前必须用少量待测液洗涤表面仪和毛细管。

3. 毛细管一定要垂直，毛细管下端与液面要刚好相切，严格控制出泡速度。

思考题

1. 测定表面张力为什么必须在恒温槽中进行？温度变化对表面张力有何影响？为什么？

2. 毛细管下端为什么要刚好和液面相切？

参考文献

[1] 武汉大学化学与分子科学学院实验中心. 物理化学实验. 武汉：武汉大学出版社，2012：101-106.

[2] 复旦大学，等. 物理化学实验. 北京：高等教育出版社，2004：131-135.

[3] 北京大学化学学院物理化学实验教学组. 物理化学实验. 北京：北京大学出版社，2002：131-135.

附录 8.1　镜像法作图方法

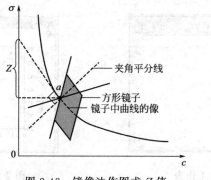

图 2-48　镜像法作图求 Z 值

作图求曲线上某点切线的方法称为镜像法，如图 2-48 所示。首先在曲线上任取一点 a，取一面方形小镜子，使镜子某边的直线经过 a 点，以垂直纸面穿过 a 点的直线为轴，转动镜子，同时观察镜子中曲线的镜像，当转动到某一角度发现镜子中曲线的镜像与镜子外实际曲线能连接成一条圆滑曲线时，沿镜子下缘在纸面上画直线。将镜子调转方向（转 180°），镜子的这一边仍需经过 a 点，与上述操作一样，转动镜子，使另半段曲线与其在镜子中的像成圆滑曲线，沿镜子下缘再画直线，做这两条直线的夹角平分线，最后过 a 点做夹角平分线的垂线，该垂线即为切线。

附录 8.2 最大泡压法测定溶液表面张力数据的计算机处理方法

（1）表面张力的计算 打开 Excel 软件，分别将室温 T、纯水的表面张力 σ（可查表得到）和样品序号依次录入 A2、B2 和 C 列。将仪器常数 K（$\sigma/\Delta p$），即"B2/E2"录入 D2。将每种样品溶质的浓度 c 和其测得的对应的最大压力差 Δp 录入 E 和 F 列。在 G 列编辑公式：$\sigma = K \times \Delta p \times 1000$，即"D2 * E2 * 1000"，即可求出不同溶液浓度的表面张力 σ，如表 2-23 所示。

表 2-23 数据录入表

（2）$\sigma\text{-}c$ 曲线的绘制 打开 Originlab8.0 软件，将表 2-23 中 F 列数值复制到工作表的 A(X) 列下，将 G 列数值复制到工作表的 B(Y) 列下（如图 2-49 所示）。将 A(X) 和 B(Y) 项下的数据全部选中，单击 Line＋Symbol 按钮，计算机就会自动拟合出 $\sigma\text{-}c$ 曲线 [如图 2-50(a) 所示]。

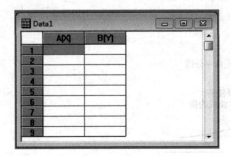

图 2-49 Origin 工作表

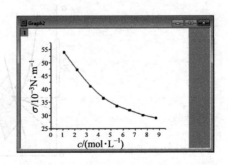

图 2-50(a) $\sigma\text{-}c$ 关系曲线

(3)Γ-c 曲线的绘制 在 σ-c 曲线上取八个点，分别作出切线（此步骤需在 http：// emuch. net/html/201103/3010018. html 网址上下载一个 origin 画切线插件 Tangent，按照要求将此插件装在 Origin 中）。双击曲线上任意点，即可得到该点的切线 [如图 2-50(b)所示]，从而获得相应的斜率 k（即 slope 值）与截距 Z（$Y=kX+Z$，X、Y、k 值均可从图中获得，即可求 Z 值）。

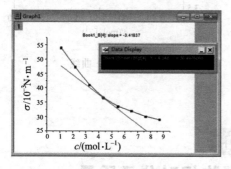

图 2-50(b) 曲线切线图

表 2-24 数据处理表

H	I	J	K
Z	$k/10^{-3}$	$c/\text{mol} \cdot \text{L}^{-1}$	$\Gamma/10^{-6}\text{mol} \cdot \text{m}^{-2}$
8.51847	−6.82242	1.2486	3.4365
10.24630	−6.58545	1.5559	4.1335
13.52226	−5.81828	2.3241	4.5551
14.58706	−5.09713	2.8618	5.8847
15.42533	−4.53753	3.3995	6.2229
15.42921	−4.07788	3.7836	6.2244
15.29300	−3.80983	4.0141	6.1695
14.25887	−2.98161	4.7823	5.7523

打开 Excel 软件，将得到的八个点对应的截距 Z、斜率 k 和浓度 c 分别录入 H、I 和 J 列（如表 2-24 所示）。在 K 列编辑公式：$\Gamma = \dfrac{Z}{RT}$，即"H3/8.314 * A2 * 1000"，即可求出不同浓度溶液的吸附量 Γ。重新打开 Originlab8.0 软件，做 Γ-c 曲线（如图 2-51 所示），过程同上。

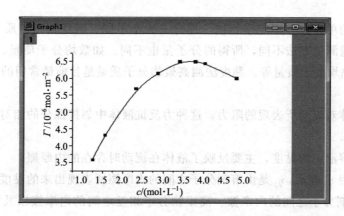

图 2-51 Γ-c 关系曲线

(4)$\dfrac{c}{\Gamma}$-c 曲线的绘制 在 Γ-c 曲线上均匀地选取 8 个点，将各点对应的吸附量 Γ 和浓度 c 分别录入 Excel 软件的 L 和 M 列（如表 2-25 所示）。对 N 列编辑公式：$c/\Gamma \times 10^6$，即"M2/ L2 * 1000000"，即可求出 $\dfrac{c}{\Gamma}$ 的值。在工具栏中选择 ▦ 按钮，选 XY 散点图，点下一步，选择系列，然后添加，点 X 值后的按钮，将 M 列下的八个数值选上，再将 N 列的八个值选上，点下一步，然后添加趋势线，作 $\dfrac{c}{\Gamma}$-c 曲线，如图 2-52 所示。

表 2-25　数据处理表

$\Gamma/10^{-6}\ mol\cdot m^{-2}$	$c/mol\cdot L^{-1}$	$\dfrac{c}{\Gamma}/10^8 m^{-1}$
4.0414	1.4337	3.5475
4.6187	1.7296	3.7447
5.1195	2.0174	3.9407
5.6589	2.3866	4.2173
5.9486	2.6261	4.4147
6.2349	2.9256	4.6923
6.5063	3.4048	5.2330
6.5245	3.9438	6.0445

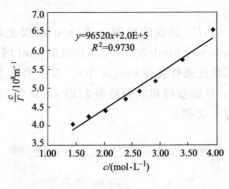

图 2-52　$\dfrac{c}{\Gamma}$-c 曲线

实验九

黏度法测定水溶性高聚物相对分子质量

实验目的

1. 测定聚乙二醇的相对分子质量。
2. 掌握用乌氏黏度计测定高聚物黏度的原理和方法。

实验原理

　　高分子所含的单体数目不完全相同，即分子大小不同，因此其摩尔质量实际上是平均值。高聚物分子量测定方法不同，所得的分子量也不同。如数均分子质量、质均分子质量、Z 均分子质量、黏均分子质量等。黏度法测高聚物分子质量是目前最常用的一种测高聚物分子质量的方法。

　　黏度是指液体对流动所表现的阻力，这种力反抗液体中邻接部分的相对移动，因此可看作是一种内摩擦。

　　高聚物在稀溶液中的黏度，主要反映了液体在流动时存在的内摩擦。

　　纯溶剂黏度用 η_0 表示，η_0 是由溶剂分子之间的内摩擦所表现出来的黏度；溶液的黏度用 η 表示，η 是由溶剂分子之间的内摩擦、高聚物分子相互之间的内摩擦以及高分子与溶剂分子之间的内摩擦所表现的黏度总和。在同一温度下，一般来说，$\eta > \eta_0$。相对于溶剂，其溶液黏度增加的分数，称为增比黏度，记作 η_{sp}，即

$$\eta_{sp} = \frac{\eta - \eta_0}{\eta_0} = \frac{\eta}{\eta_0} - 1 = \eta_r - 1 \tag{2-61}$$

　　式中，η_r 称为相对黏度，η_r 反映的是整个溶液的黏度行为；增比黏度 η_{sp} 则反映的是扣除了溶剂分子之间的内摩擦效应，留下的是高聚物分子之间以及高聚物分子与纯溶剂分子之间的内摩擦效应。

对于高分子溶液，增比黏度 η_{sp} 往往随溶液的浓度 c 的增加而增加。为了便于比较，将单位浓度下所显示出的增比黏度 $\dfrac{\eta_{sp}}{c}$ 称为比浓黏度；而 $\dfrac{\ln\eta_r}{c}$ 称为比浓对数黏度。η_r 和 η_{sp} 都是无因次的量。溶液黏度的命名见表 2-26。

表 2-26 溶液黏度的命名

名称	符号和定义	名称	符号和定义
黏度（系数）	η	比浓黏度	$\dfrac{\eta_{sp}}{c}$
相对黏度	$\eta_r = \dfrac{\eta}{\eta_0}$（$\eta_0$ 为溶剂的黏度）	比浓对数黏度	$\dfrac{\ln\eta_r}{c}$
增比黏度	$\eta_{sp} = \dfrac{\eta - \eta_0}{\eta_0} = \eta_r - 1$	特性黏度	$[\eta] = \left(\dfrac{\eta_{sp}}{c}\right)_{c=0} = \left(\dfrac{\ln\eta_r}{c}\right)_{c=0}$

为了进一步消除高聚物分子之间的内摩擦效应，必须将溶液无限稀释，使得每个高聚物分子彼此相隔极远，其相互干扰可以忽略不计。这时溶液所呈现出的黏度行为基本上反映了高分子与溶剂分子之间的内摩擦。这一黏度的极限值记为 $[\eta]$，

$$[\eta] = \lim_{c \to 0} \frac{\eta_{sp}}{c} = \lim_{c \to 0} \frac{\ln\eta_r}{c} \tag{2-62}$$

式中，$[\eta]$ 被称为特性黏度，其值与浓度无关。实验证明，当聚合物、溶剂和温度确定以后，高分子溶液的特性黏度 $[\eta]$ 与高聚物分子平均相对分子质量 $\overline{M}$ 的关系可用 Mark Houwink 经验方程式表示：

$$[\eta] = K\overline{M}^\alpha \tag{2-63}$$

式中，K 为比例常数；α 是与分子形状有关的经验常数。它们都与温度、聚合物和溶剂性质有关，在一定的相对分子质量范围内与相对分子质量无关。

K 和 α 的数值，只能通过其它方法确定，例如渗透压法、光散射法等等。黏度法只能测定 $[\eta]$，利用式（2-63）求算出 $\overline{M}$。

测定液体黏度的方法主要有三类：①用毛细管黏度计测定液体在毛细管里的流出时间；②用落球式黏度计测定圆球在液体里的下落速率；③用旋转式黏度计测定液体与同心轴圆柱体相对转动的情况。

测定高分子的 $[\eta]$ 时，用毛细管黏度计最为方便。当液体在毛细管黏度计内因重力作用而流出时遵守泊肃叶（Poiseuille）定律：

$$\frac{\eta}{\rho} = \frac{\pi h g r^4 t}{8lV} - m\frac{V}{8\pi l t} \tag{2-64}$$

式中，ρ 为液体的密度；l 是毛细管长度；r 是毛细管半径；t 是流出时间；h 是流经毛细管液体的平均液柱高度；g 为重力加速度；V 是流经毛细管液体的体积；m 是与仪器的几何形状有关的常数，在 $\dfrac{r}{l} \ll 1$ 时，可取 $m=1$。

对某一支指定的黏度计而言，令 $\alpha = \dfrac{\pi h g r^4}{8lV}$，则式（2-64）可改写为：

$$\frac{\eta}{\rho} = \alpha t - \frac{\beta}{t} \tag{2-65}$$

式中，$\beta < 1$，当 $t > 100\ s$ 时，等式右边第二项可以忽略。设溶液的密度 ρ 与溶剂密度 ρ_0 近似相等。这样，通过分别测定溶液和溶剂的流出时间 t 和 t_0，就可求算相对黏度 η_r：

$$\eta_r = \frac{\eta}{\eta_0} = \frac{t}{t_0} \tag{2-66}$$

进而可分别计算得到 η_{sp}、$\dfrac{\eta_{sp}}{c}$ 和 $\dfrac{\ln\eta_r}{c}$ 的值。配制一系列不同浓度的溶液分别进行测定，以 $\dfrac{\eta_{sp}}{c}$ 和 $\dfrac{\ln\eta_r}{c}$ 为同一纵坐标，c 为横坐标作图，得两条直线，分别外推到 $c=0$ 处（如图 2-53 所示），其截距即为特性黏度 $[\eta]$，代入式(2-63)(不同温度下聚乙二醇水溶液的 K、α 值见表 2-27)，即可得到 $\overline{M}$。

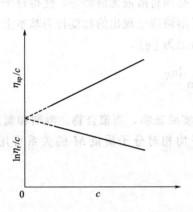
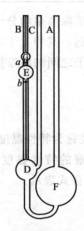

图 2-53　外推法求 $[\eta]$ 示意图　　　　图 2-54　乌[贝洛德]氏黏度计示意图

表 2-27　不同温度下聚乙二醇水溶液的 K、α 值

$t/℃$	$K \times 10^3 / kg^{-1} \cdot L$	α	$\overline{M} \times 10^{-4}$
25	156	0.50	0.019~0.1
30	12.6	0.78	2~500
35	6.4	0.82	3~700
40	16.6	0.82	0.04~0.4
45	6.9	0.81	3~700

仪器和试剂

乌氏黏度计　　　　　　　　　　　　移液管(2mL,5mL,10mL)
恒温水浴　　　　　　　　　　　　　秒表
3 号砂芯漏斗　　　　　　　　　　　聚乙二醇

实验步骤

1. 溶液流出时间(t)的测定

将乌氏黏度计(见表 2-54)放入恒温槽中(注意：乌氏黏度计要垂直)，用移液管移取

12mL 25g·L^{-1}的聚乙二醇溶液通过 A 管放入黏度计中，恒温 10min 开始测流出时间。B、C 管套有乳胶管，先夹住 C 管使其与空气隔绝，用洗耳球从 B 管往上吸溶液使溶液超过 a 线至 G 球，松开 C 管使其通大气，用洗耳球挤压 B 管中的溶液流出，重复操作 5 次，使毛细管得到充分润洗，然后使 B 管中的溶液自然向下流，当液面降至 a 线时启动秒表开始计时，液面降至 b 线时停表，记下溶液流经 ab 段所需要的时间，即为流出时间。再重复测定流出时间两次，将三次流出时间取平均值(注意：每次误差不能超过 0.2s)。

将溶液进行稀释，依次往黏度计中加入二次蒸馏水 2、3、6、12mL，重复上述操作。每次加完水后一定要将溶液混合均匀，混合时应注意不要把溶液吸到洗耳球中。

2. 溶剂流出时间(t_0)的测定

测完全部溶液流出时间后，将黏度计从恒温槽中取出倒掉溶液，用自来水反复清洗黏度计，再用洗液($H_2O_2 + H_2SO_4$)清洗黏度计，用过的洗液要倒回原瓶中。最后用二次蒸馏水洗黏度计 3 次(注意：一定要将毛细管部分洗涤干净)。将黏度计注入蒸馏水，放入恒温槽中恒温 5min，测水的流出时间。测定方法同步骤 1。

3. 黏度计的洗涤

测完水的流出时间后取出黏度计将水倒掉，将黏度计外部清洗干净，放在方盘中在干燥箱中烘干，以便下一组学生使用。

数据处理

1. 记录的数据和计算结果 $\left(\eta_r、\eta_{sp}、\dfrac{\eta_{sp}}{c}、\dfrac{\ln\eta_r}{c}\right)$。

2. 绘图求 [η] 值

以 $\dfrac{\eta_{sp}}{c}$ 和 $\dfrac{\ln\eta_r}{c}$ 分别对 c 作图，得两条直线，外推至 $c = 0$，求出截距即为 [η] 值。

3. 求聚乙二醇的相对分子质量

由式(2-63)求出聚乙二醇的相对分子质量。

思考题

1. 乌氏黏度计中的支管 C 有什么作用？除去支管 C 是否仍可以测黏度？
2. 黏度计毛细管的粗细对实验有何影响？
3. 评价黏度法测定高聚物相对分子质量的优缺点，指出影响准确测定结果的因素。

参考文献

[1] 钱人元. 高聚物分子量的测定. 北京：科学出版社，1958.
[2] 何曼君，陈维孝，董西侠. 高分子物理. 上海：复旦大学出版社，1982：127-132.
[3] Daniels F, Alberty R A, Williams J W, et al. Expeimental Physical Chemistry. 7th edn. New York：McGraw-Hill, Inc, 1975：329.
[4] 淮阴师范专科学校化学科. 物理化学实验. 北京：高等教育出版社，2003.

附录 9 黏度法测定水溶性高聚物相对分子质量实验数据的计算机处理方法

(1) 实验数据处理 打开 Excel 工作表，分别将聚乙二醇水溶液相对浓度 c(注意 $c = V_0c_0/V$，其中 c_0 为聚乙二醇水溶液的原始浓度；V_0、V 分别为所取原始溶液体积和稀释后溶液的体积)、水溶液顺毛细管流下经过 a、b 之间的时间，即流出时间 t（平行 3 次），依次录入 A、B、C、D 列。在 E3 处输入公式计算流出时间 t 的平均值，即"(B3＋C3＋D3)/3"，如表 2-28 所示。

表 2-28　数据记录与数据处理

相对浓度	流出时间 t/s				η_r	$\ln\eta_r$	η_{sp}	η_{sp}/c	$\ln\eta_r/c$
c	1	2	3	$t_{平均}$					
1.0000	242.7	242.6	242.7	242.7	2.307	0.8358	1.3067	1.307	0.8358
0.6670	188.7	188.8	188.8	188.8	1.794	0.5846	0.7944	1.191	0.8765
0.5000	164.7	164.6	164.6	164.6	1.565	0.4479	0.5650	1.130	0.8957
0.3333	142.4	142.5	142.4	142.4	1.354	0.3030	0.3539	1.062	0.9091
0.2500	132.5	132.4	132.4	132.4	1.259	0.2302	0.2589	1.035	0.9209
0.0000	105.2	105.2	105.2	105.2	1.000				

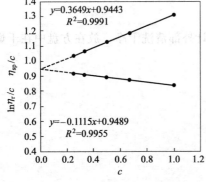

图 2-55　外推法求 $[\eta]$ 示意图

（2）作图　在 F3 处编辑公式 η/η_0，即"E3/E8"，在 G3 编辑公式 $\ln(\eta_r)$，即"ln(F3)"，在 H3 编辑公式 η_r-1，即"F3-1"，在 I3 编辑公式 η_{sp}/c，即"H3/A3"，在 J3 编辑公式 $\ln\eta_r/c$，即"G3/A3"，见表 2-22。以相对浓度 c 为横坐标（A 列），η_{sp}/c（I 列）和 $\ln\eta_r/c$（J 列）为纵坐标作图，得两条直线 $y_1=a_1x+b_1$ 和 $y_2=a_2x+b_2$，如图 2-55 所示，其直线的截距值即为 $[\eta]$。

理论上，两条直线的截距 b_1 和 b_2 的值应该是相同的，但因有实验误差的存在，两条直线可能不会在纵轴上相交于一点，此时应取直线 η_{sp}/c-c 的截距值为 $[\eta]$，最后将 $[\eta]$ 代入 $[\eta]=KM^a$，即可求得 $\overline{M}$。

实验十
络合物的磁化率测定

实验目的

1. 掌握古埃(Gouy)法磁天平测定物质磁化率的基本原理和实验方法。

2. 通过对 $FeSO_4 \cdot 7H_2O$ 和 $K_4Fe(CN)_6 \cdot 3H_2O$ 磁化率的测定，推算其 Fe^{2+} 的不成对电子数，并判断配合物的配键类型。

实验原理

1. 磁化率

物质在外磁场的作用下会被磁化，产生附加磁感应强度。物质的磁感应强度 B 等于

$$B = B_0 + B' = \mu_0 H + B' \tag{2-67}$$

式中，B_0 为外磁场的磁感应强度；B' 为附加磁感应强度；H 为外磁场强度；μ_0 为真空磁导率，其值为 $4\pi \times 10^{-7} \mathrm{N \cdot A^{-2}}$。

物质的磁化可用磁化强度 M 来描述，M 是一个矢量，它与磁场强度成正比

$$M = \chi H \tag{2-68}$$

χ 称为物质的体积磁化率，是物质的一种宏观性质。B' 与 M 的关系为：

$$B' = \mu_0 M = \chi \mu_0 H \tag{2-69}$$

将式(2-69)代入式(2-67)得：

$$B = (1 + \chi)\mu_0 H = \mu \mu_0 H \tag{2-70}$$

式中，μ 称为物质的(相对)磁导率。

在化学上常用质量磁化率 χ_m 或摩尔磁化率 χ_M 来表示物质的磁性质：

$$\chi_\mathrm{m} = \frac{\chi}{\rho} \tag{2-71}$$

$$\chi_\mathrm{M} = M \cdot \chi_\mathrm{m} = \frac{\chi M}{\rho} \tag{2-72}$$

式中，ρ、M 分别为物质的密度和摩尔质量；χ_m 的单位为 $\mathrm{m^3 \cdot kg^{-1}}$；$\chi_\mathrm{M}$ 的单位为 $\mathrm{m^3 \cdot mol^{-1}}$。

2. 分子磁矩与磁化率

物质的原子、分子或离子在外磁场作用下的磁化现象存在三种情况。

(1)逆磁性物质　物质本身并不呈现磁性，但由于它内部的电子轨道运动，在外磁场作用下会产生拉摩进动，感应出一个诱导磁矩来，表现为一个附加磁场，磁矩的方向与外磁场相反，其磁化强度与外磁场强度成正比，并随着外磁场的消失而消失，这类物质称为逆磁性物质，其 $\mu < 1$，$\chi_\mathrm{M} < 0$。

(2)顺磁性物质　物质的原子、分子或离子本身具有永久磁矩 μ_m，由于热运动，永久磁矩指向各个方向的机会相同，所以该磁矩的统计值等于零。但它在外磁场作用下，一方面永久磁矩会顺着外磁场方向排列，其磁化方向与外磁场相同，而磁化强度与外磁场强度成正比；另一方面物质内部的电子轨道运动也会产生拉摩进动，其磁化方向与外磁场相反，因此这类物质在外磁场下表现的附加磁场是上述两者作用的总结果，通常称具有永久磁矩的物质为顺磁性物质。显然，此类物质的摩尔磁化率 χ_M 是摩尔顺磁化率 χ_μ 和摩尔逆磁化率 χ_0 两部分之和

$$\chi_\mathrm{M} = \chi_\mu + \chi_0 \tag{2-73}$$

但由于 $\chi_\mu \gg |\chi_0|$，故顺磁性物质的 $\mu > 1$，$\chi_\mathrm{M} > 0$。可以近似地把 χ_μ 当作 χ_M，即

$$\chi_\mathrm{M} \approx \chi_\mu \tag{2-74}$$

(3)铁磁性物质　物质被磁化的强度与外磁场强度之间不存在正比关系，而是随着外磁场强度的增加而剧烈的增强，当外磁场消失后，这种物质的磁性并不消失，呈现出滞后现

象，这种物质称为铁磁性物质。

3. 永久磁矩

磁化率是物质的宏观性质，分子磁矩是物质的微观性质。假定分子间无相互作用，应用统计力学的方法，可以导出摩尔顺磁磁化率 χ_μ 和永久磁矩 μ_m 之间的定量关系

$$\chi_\mu = \frac{L\mu_m^2\mu_0}{3kT} = \frac{C}{T} \tag{2-75}$$

式中，L 为阿伏伽德罗常数；k 为玻耳兹曼常数；T 为热力学温度。物质的摩尔顺磁磁化率与热力学温度成反比这一关系，是居里(Curie P)在实验中首先发现的，所以该式称为居里定理，C 称为居里常数。

分子的摩尔逆磁磁化率 χ_0 是由诱导磁矩产生的，它与温度的依赖关系很小。因此具有永久磁矩的物质的摩尔磁化率 χ_M 与永久磁矩 μ_m 间的关系为：

$$\chi_M = \chi_0 + \frac{L\mu_m^2\mu_0}{3kT} \approx \frac{L\mu_m^2\mu_0}{3kT} \tag{2-76}$$

该式将物质的宏观物理性质(χ_M)和其微观性质(μ_m)联系起来了，因此只要实验测得 χ_M，代入式(2-76)就可算出永久磁矩 μ_m。

物质的顺磁性来自于与电子的自旋相联系的磁矩。电子有两个自旋状态。如果原子、分子或离子中两个自旋状态的电子数不相等，则该物质在外磁场中就呈现顺磁性。这是由于每一轨道上不能存在两个自旋状态相同的电子(泡利原理)，因而各个轨道上成对电子自旋所产生的磁矩是相互抵消的，所以只有存在未成对电子的物质才具有永久磁矩，它在外磁场中表现出顺磁性。

物质的永久磁矩 μ_m 和它所包含的未成对电子数 n 的关系可用下式表示：

$$\mu_m = \mu_B \sqrt{n(n+2)} \tag{2-77}$$

式中，μ_B 称为玻尔(Bohr)磁子，其物理意义是单个自由电子自旋所产生的磁矩。

$$\mu_B = \frac{eh}{4\pi m_e} = 9.274078 \times 10^{-24} A \cdot m^2 \tag{2-78}$$

式中，h 为普朗克常数；m_e 为电子质量。因此，对于顺磁性物质只要实验测得 χ_M，即可求出 μ_m，进而算得未成对电子数 n。

由式(2-76)~式(2-78)，以及各物理常量的数值，可得未成对电子数 n 的表达式。

$$n = \sqrt{797.7^2\chi_M T + 1} - 1 \tag{2-79}$$

这对于研究某些原子或离子的电子组态，以及判断络合物分子的配键类型是很有意义的。

4. 物质配键类型

通常认为配合物可分为电价配合物和共价配合物两种。配合物的中央离子与配位体之间依靠静电库仑力结合起来的化学键叫电价配键，这时中央离子的电子结构不受配位体的影响，基本上保持自由离子的电子结构。共价配合物则是以中央离子的空的价电子轨道接受配

位体的孤对电子形成共价配键，这时中央离子为了尽可能多的成键，往往会发生电子重排，以腾出更多空的价电子轨道来容纳配位体的电子对。例如 Fe^{2+} 在自由离子状态下的外层电子组态（如图 2-56 所示）。

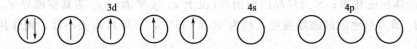

图 2-56　Fe^{2+} 在自由离子状态下的外层电子组态示意图

当它与 6 个 H_2O 配位形成络离子 $[Fe(H_2O)_6]^{2+}$ 时，中央离子 Fe^{2+} 仍保持着上述自由离子状态下的电子组态，故此络合物是电价配合物。当 Fe^{2+} 与 6 个 CN^- 配位体形成络离子时，Fe^{2+} 的电子组态发生重排（如图 2-57 所示）。

图 2-57　Fe^{2+} 外层电子组态重排示意图

Fe^{2+} 的 3d 轨道上原来未成对电子重新配对，腾出两个 3d 空轨道来，再与 4s 和 4p 轨道进行 d^2sp^3 杂化，构成以 Fe^{2+} 为中心的指向正八面体各个顶角的 6 个空轨道，以此来容纳 6 个 CN^- 中 C 原子上的孤对电子，形成 6 个共价配键（如图 2-58 所示）。

一般认为中央离子与配位原子之间的电负性相差很大时，容易生成电价配键，而电负性相差很小时，则生成共价配键。

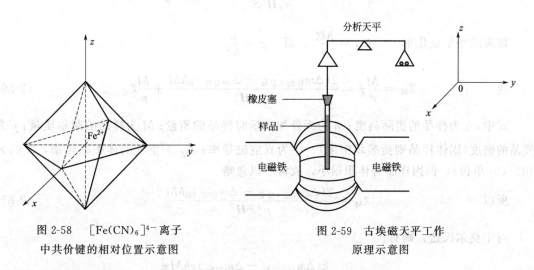

图 2-58　$[Fe(CN)_6]^{4-}$ 离子
中共价键的相对位置示意图

图 2-59　古埃磁天平工作
原理示意图

5. 古埃磁天平

古埃磁天平的工作原理如图 2-59 所示。将圆柱形玻璃样品管（内装粉末状或液体样品）悬挂在分析天平的一个臂上，使样品管底部处于电磁铁两极的中心（即处于均匀磁场区域），样品管的顶端离磁场中心较远，磁场强度很弱，而整个样品处于一个非均匀的磁场中。但由于沿样品轴心方向，即图示 z 方向，存在一磁场强度梯度 $\partial H/\partial z$，故样品沿 z 方向受到磁力的作用，它的大小为：

$$f_z = \int_H^{H_0} (\chi - \chi_{空})\mu_0 SH \frac{\partial H}{\partial z}\mathrm{d}z \tag{2-80}$$

式中，H 为磁场中心磁场强度；H_0 为样品顶端处的磁场强度；χ 为样品的体积磁化率；$\chi_{空}$ 为空气的体积磁化率；S 为样品的截面积（位于 x、y 平面）；μ_0 为真空磁导率。

通常 H_0 即为当地的地磁场强度，约为 $40\mathrm{A\cdot m^{-1}}$，一般可略去不计，则作用于样品的力为：

$$f_z = \frac{1}{2}(\chi - \chi_{空})\mu_0 H^2 S \tag{2-81}$$

由天平分别称得装有被测样品的样品管和不装样品的空样品管在有外加磁场和无外加磁场时的质量变化，则有

$$\Delta m = m_{磁场} - m_{无磁场} \tag{2-82}$$

显然，某一不均匀磁场作用于样品的力可由下式计算：

$$f_z = (\Delta m_{样品+空管} - \Delta m_{空管})g \tag{2-83}$$

于是有

$$\frac{1}{2}(\chi - \chi_{空})\mu_0 H^2 S = (\Delta m_{样品+空管} - \Delta m_{空管})g \tag{2-84}$$

整理后得

$$\chi = \frac{2(\Delta m_{样品+空管} - \Delta m_{空管})g}{\mu_0 H^2 S} + \chi_{空} \tag{2-85}$$

物质的摩尔磁化率 $\quad \chi_M = \dfrac{M\chi}{\rho}$，而 $\quad \rho = \dfrac{m}{hS}$

故 $\quad \chi_M = \dfrac{M}{\rho}\chi = \dfrac{2(\Delta m_{样品+空管} - \Delta m_{空管})ghM}{\mu_0 mH^2} + \dfrac{M}{\rho}\chi_{空} \tag{2-86}$

式中，h 为样品的实际高度；m 为无外加磁场时样品的质量；M 为样品的摩尔质量；ρ 为样品的密度（固体样品则指装填密度）；μ_0 为真空磁导率；$\chi_{空}$ 为空气的体积磁化率，3.64×10^{-7}（SI 单位），但因样品管体积很小，故常予以忽略。

所以 $\quad \chi_M = \dfrac{2(\Delta m_{样品+空管} - \Delta m_{空管})ghM}{\mu_0 mH^2} \tag{2-87}$

对于莫尔氏盐，则有

$$\chi_{M莫} = \frac{2(\Delta m_{莫+空管} - \Delta m_{空管})ghM_{莫}}{\mu_0 m_{莫}H^2} \tag{2-88}$$

若每次装样高度 h 相同，同时控制每次磁场强度 H 相同，将式(2-87)和式(2-88)两式相除，可得

$$\frac{\chi_M}{\chi_{M莫}} = \frac{Mm_{莫}}{M_{莫}m} \times \frac{(\Delta m_{样+管} - \Delta m_{空管})}{(\Delta m_{莫+管} - \Delta m_{空管})} \tag{2-89}$$

将 $\dfrac{\chi_{M莫}}{M_莫} = \chi_{m莫}$ 带入上式，并将上式变形得

$$\chi_{M样} = \frac{\chi_{m莫} M_样 m_莫}{m_样} \times \frac{(\Delta m_{样+管} - \Delta m_{空管})}{(\Delta m_{莫+管} - \Delta m_{空管})} \quad (2\text{-}90)$$

该式乘号左边各项可通过计算或直接测试得到，右边的各项为空管、空管中装样品或莫尔氏盐时，有磁和无磁情况下的质量差，可通过实验测得，因此样品的摩尔磁化率可由式(2-90)算得。莫尔氏盐的质量磁化率计算公式为

$$\chi_{m莫} = \frac{9500}{T+1} \times 4\pi \times 10^{-9} \, \text{m}^3 \cdot \text{kg}^{-1}$$

仪器和试剂

古埃磁天平　　　　　　　　　　　软质玻璃样品管
$FeSO_4 \cdot 7H_2O$(分析纯)　　　　莫尔盐$(NH_4)_2SO_4 \cdot FeSO_4 \cdot 6H_2O$(分析纯)
$K_4Fe(CN)_6 \cdot 3H_2O$(分析纯)　　装样品工具(包括研钵、角匙、小漏斗、玻棒)

实验步骤

1. 打开仪器预热 15min，同时将莫尔氏盐及其他固体样品在研钵中研细，装在小广口瓶中备用。

2. 取一支洁净干燥的空样品管，在台秤上粗称其质量，然后挂在磁天平的挂钩上，使样品管底部与磁极中心线平齐，准确称量空样品管的质量；缓慢增加电流至 $I=3A$，记下磁场强度，待天平读数稳定后，记录空管的质量；继续缓慢增加电流强度至 $I=4A$，稍停片刻，缓慢减小电流直至磁场强度与 3A 时相同(即两次磁场强度完全相同，而电流强度不一定相同)，待天平读数稳定后，读取空管的质量，缓慢增加电流至 $I=5A$，记录磁场强度及空管质量，再将电流缓升至 $I=6A$，不称量空管，稍停片刻后将电流缓降至 $I=5A$ 左右(仍要保持磁场强度与前次 $I=5A$ 时完全相同，而电流强度不一定相等)称量空管；继续将电流缓降至 $I=0A$，再次记录空管的质量。

3. 取下样品管，将事先研细的莫尔氏盐通过小漏斗装进样品管(在填装时每装入 2cm 样品需将样品管在木垫上敲击 20 次，务必使粉末样品均匀填实)。用直尺准确量取样品高度，使高度为 16cm。重复步骤 2 的操作。测量完毕后将莫尔氏盐回收，样品管用蘸有少量乙醇的棉球擦净。

4. 用同一样品管分别对 $FeSO_4 \cdot 7H_2O$ 和 $K_4Fe(CN)_6 \cdot 3H_2O$ 进行测试，方法同步骤 2、3。

注意，无论是空管还是装有何种样品，在 3 A 附近时的磁场强度应严格相等，在 5 A 附近的磁场强度也应严格相等。

数据处理

1. 将实验数据列表表示。

2. 由标准物(莫尔盐)的质量磁化率 $\chi_{m莫}$ ，计算所测样品的 $\chi_{M样}$ 。

$$\chi_{m标} = \frac{9500}{T+1} \times 4\pi \times 10^{-9}\,m^3 \cdot kg^{-1}, \quad \chi_{M样} = \frac{\chi_{m莫} M_{样} m_{莫}}{m_{样}} \times \frac{(\Delta m_{样+管} - \Delta m_{空管})}{(\Delta m_{莫+管} - \Delta m_{空管})}$$

3. 计算所测样品的未成对电子数

由式(2-76)和式(2-77)算出所测样品的 μ_m，由式(2-79)求出未成对电子数 n。

4. 根据未成对电子数，讨论 $FeSO_4 \cdot 7H_2O$ 和 $K_4Fe(CN)_6 \cdot 3H_2O$ 中 Fe^{2+} 的最外层电子结构及分子的配键类型。

数据记录与处理结果列入表 2-29。

表 2-29　数据记录表

样品	摩尔质量 / g·mol^{-1}	电流 I/A (注明磁场强度值/mT)	质量/g				χ_M / m^3·mol^{-1}	单电子数 n
			m_1	m_2	$\overline{m}$	Δm		
空管		0					—	—
		3(　mT)					—	—
		5(　mT)					—	—
莫尔盐		0					—	—
		3(　mT)						
		5(　mT)						
$FeSO_4 \cdot 7H_2O$		0						
		3(　mT)						
		5(　mT)						
$K_4Fe(CN)_6 \cdot 3H_2O$		0						
		3(　mT)						
		5(　mT)						

注：某些元素和化合物的磁化率文献值见书后附表-25。

思考题

1. 试比较用高斯计和莫尔盐标定的相应励磁电流下的磁场强度数值，并分析两者测定结果差异的原因。

2. 用古埃磁天平测定样品磁化率的精度与哪些因素有关？

3. 不同励磁电流下测得的样品摩尔磁化率是否相同？如果测量结果不同应如何解释？

4. 实验时要求样品的高度应在 16cm 以上，因为推导式(2-89)时假定 H_0 忽略不计，样品有足够的高度才能满足此假定。试利用本实验仪器，设计一种实验方法，验证样品高度多少时式(2-89)成立(规定不能用高斯计)。

参考文献

[1] 徐光宪，王祥云. 物质结构. 第二版. 北京：高等教育出版社，1987：457.

[2] 项一非，李树家. 中级物理化学实验. 北京：高等教育出版社，1988：146.

[3] 游效曾. 结构分析导论. 北京：科学出版社，1980.

[4] Selwood P W. Magnetochemistry. 2nd end. New York：Interscience Publishers, Inc, 1956.

[5] 欧晓波，王清叶，王成瑞. 用 HNMR 法测量过渡元素离子的磁矩. 大学化学，1990(5)：46.

附录 10.1 磁天平重要部件——MT-A 型毫特斯拉计使用说明

磁天平的整机结构一般由电磁铁、稳流电源、分析天平、数字式毫特斯拉计、数字式励磁电流表、霍尔探头和照明等部件构成的。MT-A 型毫特斯拉计及励磁电流显示均为数字式，装在同一块面板上，面板结构如图 2-60 所示。

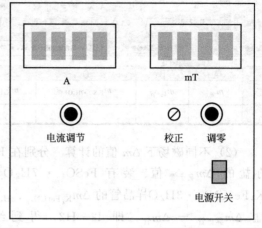

其操作步骤说明如下：

（1）检查两磁头间的距离，应在 20mm 左右，试管尽可能在两磁头间的正中。

（2）将励磁电流调节器（多圈电位器）左旋至最小，即接通电源时励磁电流为零。

（3）接通电源，此时 A 表应显示 0000，mT 表显示值不一定是全零，仪器预热 5min 后，通过调节调零电位器使 mT 表显示正或负的全零值。

图 2-60 毫特斯拉计面板示意图

（4）校正 mT 表：调节励磁电流电位器使 A 表显示 10.00（10A），此时 mT 表显示值应在 900 ± 30 个字。

偏差较大时可检查磁头间距；如果磁头间距在 20mm 处，可检查探头是否处于磁场最强处；如上述两项结果均正常则可用小螺丝刀旋转校正电位器使数值达到要求。然后复位到全零或再作一次电源与毫特斯拉计的对应操作。

附录 10.2 实验注意事项

（1）磁天平的总机架必须水平放置，分析天平应作水平调整。

（2）吊绳和样品管必须与其他物品至少相距 3mm 以上。

（3）励磁电流的升降应平稳、缓慢。

（4）测量样品时，应关闭仪器的玻璃门，避免环境对整机的振动。

（5）调节霍尔探头（探测电磁场强度的部件）两边的有机玻璃螺丝使其处于最佳位置。在某一励磁电流下，打开毫特斯拉计，然后稍微转动探头使特斯拉计读数在最大值，此即为最佳位置。将有机玻璃螺丝拧紧，如发现毫特斯拉计读数为负值，只需将探头转动 180° 即可。

附录 10.3 计算机处理配合物的磁化率测定实验数据的方法

（1）样品质量的计算 打开 Excel 工作表，分别在 A2～D2 中依次录入空样品管质量 $m_管$、装有莫尔盐的样品管质量 $m_{莫+管}$、装有 $FeSO_4 \cdot 7H_2O$ 的样品管质量 $m_{FeSO_4 \cdot 7H_2O+管}$ 以及装有 $K_4Fe(CN)_6 \cdot 3H_2O$ 的样品管质量 $m_{K_4Fe(CN)_6 \cdot 3H_2O+管}$，如表 2-30 所示。在 E2 编辑公式 $m_{莫+管} - m_管$，即"B2—A2"，得到莫尔氏盐的质量 $m_莫$。在 F2 编辑公式 $m_{FeSO_4 \cdot 7H_2O+管} - m_管$，即"C2—A2"，得到 $FeSO_4 \cdot 7H_2O$ 样品的质量 $m_{FeSO_4 \cdot 7H_2O}$。在 G2 编辑公式 $m_{K_4Fe(CN)_6 \cdot 3H_2O+管} - m_管$，即"D2—A2"，得到 $K_4Fe(CN)_6 \cdot 3H_2O$ 样品的质

量 $m_{K_4Fe(CN)_6 \cdot 3H_2O}$。

表 2-30　样品质量的计算

	A	B	C	D	E	F	G
1	$m_{管}$	$m_{莫+管}$	$m_{FeSO_4 \cdot 7H_2O+管}$	$m_{K_4Fe(CN)_6 \cdot 3H_2O+管}$	$m_{莫}$	$m_{FeSO_4 \cdot 7H_2O}$	$m_{K_4Fe(CN)_6 \cdot 3H_2O}$
2							

（2）不同磁场下 Δm 值的计算　分别在 H2～K2 中录入空管的 $\Delta m_{空}$ 值、样品管中装莫尔盐的 $\Delta m_{莫+管}$ 值、装有 $FeSO_4 \cdot 7H_2O$ 样品管的 $\Delta m_{FeSO_4 \cdot 7H_2O+管} + \Delta m_{管}$ 值和装 $K_4Fe(CN)_6 \cdot 3H_2O$ 样品管的 $\Delta m_{K_4Fe(CN)_6 \cdot 3H_2O+管}$ 值，如表 2-31 所示。在 L2 编辑公式莫尔盐 $\Delta m_{莫+管} - \Delta m_{管}$，即 I2—H2，得到纯莫尔盐的 $\Delta m_{莫}$ 值；在 M2 编辑公式 $\Delta m_{FeSO_4 \cdot 7H_2O+管} - \Delta m_{管}$，即 "J2－H2"，会求出纯 $FeSO_4 \cdot 7H_2O$ 的 $\Delta m_{FeSO_4 \cdot 7H_2O}$ 值；在 N2 编辑公式 $\Delta m_{K_4Fe(CN)_6 \cdot 3H_2O+管} - \Delta m_{管}$，即 "K2－H2"，得到 $K_4Fe(CN)_6 \cdot 3H_2O$ 的 $\Delta m_{K_4Fe(CN)_6 \cdot 3H_2O}$ 值。

表 2-31　Δm 的计算

	H	I	J	K	L	M	N
1	$\Delta m_{管}$	$\Delta m_{莫+管}$	$\Delta m_{FeSO_4 \cdot 7H_2O+管}$	$\Delta m_{K_4Fe(CN)_6 \cdot 3H_2O+管}$	$\Delta m_{莫}$	$\Delta m_{FeSO_4 \cdot 7H_2O}$	$\Delta m_{K_4Fe(CN)_6 \cdot 3H_2O}$
2							

（3）摩尔磁化率的计算　在 O2 中录入室温（如表 2-32 所示），在 P2 编辑公式 $T + 273.15$，即 "O2＋273.15"，求出开氏温度表示的室温。在 Q2 编辑公式 $9500 \times 4 \times 3.14 \times 10^{-9}/(T+1)$，即 "$9500 \times 4 \times 3.14 \times 10^{-9}$/(P2＋1)"，得到莫尔盐的质量磁化率 $\chi_{m莫}$。在 R2 填入 $FeSO_4 \cdot 7H_2O$ 的摩尔质量 $M_{FeSO_4 \cdot 7H_2O}$，在 S2 编辑公式

$$\frac{\chi_{m莫} M_{FeSO_4 \cdot 7H_2O} m_{莫}}{m_{FeSO_4 \cdot 7H_2O}} \times \frac{\Delta m_{FeSO_4 \cdot 7H_2O}}{\Delta m_{莫}}$$

即 "Q2 * E2 * R2 * M2/(F2 * L2)"，求得 $FeSO_4 \cdot 7H_2O$ 的摩尔磁化率 $\chi_{M_{FeSO_4 \cdot 7H_2O}}$ 值。在 T2 填入 $K_4Fe(CN)_6 \cdot 3H_2O$ 的摩尔质量 $M_{K_4Fe(CN)_6 \cdot 3H_2O}$，在 U2 编辑公式

$$\frac{\chi_{m莫} \cdot M_{K_4Fe(CN)_6 \cdot 3H_2O} \cdot m_{莫}}{m_{K_4Fe(CN)_6 \cdot 3H_2O}} \times \frac{\Delta m_{K_4Fe(CN)_6 \cdot 3H_2O}}{\Delta m_{莫}}$$

即 "Q2 * E2 * S2 * N2/G2 * L2"，求出 $K_4Fe(CN)_6 \cdot 3H_2O$ 的摩尔磁化率

$\chi_{M_{K_4 Fe(CN)_6 \cdot 3H_2O}}$ 值。

表 2-32　摩尔磁化率的计算

	O	P	Q	R	S	T	U
1	$T/℃$	T/K	$\chi_{m莫}$	$M_{FeSO_4 \cdot 7H_2O}$	$\chi_{M_{FeSO_4 \cdot 7H_2O}}$	$M_{K_4Fe(CN)_6 \cdot 3H_2O}$	$\chi_{M_{K_4Fe(CN)_6 \cdot 3H_2O}}$
2							

实验十一
溶液法测定极性分子的偶极矩

实验目的

1. 了解偶极矩与分子电性质的关系；
2. 掌握溶液法测定偶极矩的基本原理和实验技术；
3. 用溶液法测定乙酸乙酯的偶极矩。

实验原理

1. 偶极矩与极化度

分子分为极性分子和非极性分子。在没有外电场存在时，非极性分子的正负电荷中心是重合的，而极性分子正负电荷中心是不重合的。

1912 年，德拜（Debye）提出"偶极矩（μ）"的概念用来度量分子极性的大小，如图 2-61所示，偶极矩的定义为：

$$\mu = q \cdot d \tag{2-91}$$

式中，q 为正、负电荷中心所带的电荷量；d 为正、负电荷中心之间距离；μ 是一个矢量，$C \cdot m$，μ 的方向规定为从正到负。

图 2-61　电偶极矩示意图

通过偶极矩的测定可以了解分子结构中有关电子云的分布和分子的对称性等情况，还可以用来判别几何异构体和分子的立体结构等。

极性分子具有永久偶极矩，在没有外电场存在时，由于分子的热运动，偶极矩指向各个方向的机会相同，所以偶极矩的统计值等于零。

若将极性分子置于均匀的电场中，则偶极矩在电场的作用下会趋向电场方向排列。这时我们称这些分子被极化了，极化的程度可以用摩尔转向极化度 $P_{转向}$ 来衡量。

$P_{转向}$ 与永久偶极矩平方成正比，与热力学温度 T 成反比，其关系为：

$$P_{转向} = \frac{4}{3}\pi L \frac{\boldsymbol{\mu}^2}{3kT} = \frac{4}{9}\pi L \frac{\boldsymbol{\mu}^2}{kT} \tag{2-92}$$

式中，k 为玻耳兹曼常数；L 为阿伏加德罗常数。

在外电场作用下，不论极性分子还是非极性分子都会发生电子云对分子骨架的相对移动，分子骨架也会发生变形，这种现象称为诱导极化或变形极化，用摩尔诱导极化度 $P_{诱导}$ 来衡量。显然，$P_{诱导}$ 可分为二项，即电子极化度 $P_{电子}$ 和原子极化度 $P_{原子}$，因此 $P_{诱导} = P_{电子} + P_{原子}$。$P_{诱导}$ 与外电场强度成正比，而与温度无关。

如果外电场是交变电场，极性分子的极化情况则与交变电场的频率有关。当处于频率小于 $10^{10}\,\mathrm{s}^{-1}$ 的低频电场或静电场中，极性分子所产生的摩尔极化度 P 是转向极化、电子极化和原子极化的总和

$$P = P_{转向} + P_{电子} + P_{原子} \tag{2-93}$$

当频率增加到 $10^{12} \sim 10^{14}\,\mathrm{s}^{-1}$ 的中频（红外频率）时，电场的交变周期小于分子偶极矩的弛豫时间，极性分子的转向运动跟不上电场的变化，即极性分子来不及沿电场定向，故 $P_{转向} = 0$。此时极性分子的摩尔极化度等于摩尔诱导极化度 $P_{诱导}$。当交变电场的频率进一步增加到大于 $10^{15}\,\mathrm{s}^{-1}$ 的高频（可见光和紫外频率）时，极性分子的转向运动和分子骨架变形都跟不上电场的变化，此时极性分子的摩尔极化度等于电子极化度 $P_{电子}$。

因此，原则上只要在低频电场下测得极性分子的摩尔极化度 P，在红外频率下测得极性分子的摩尔诱导极化度 $P_{诱导}$，两者相减得到极性分子的摩尔转向极化度 $P_{转向}$，然后代入式(2-92)就可求出极性分子的永久偶极矩 $\boldsymbol{\mu}$ 来。

2. 极化度的测定

对于分子间相互作用很小的系统，克劳修斯-莫索帝-德拜(Clausius-Mosotti-Debye)从电磁理论推导得到了摩尔极化度 P 与介电常数 ε 之间的关系式

$$P = \frac{\varepsilon - 1}{\varepsilon + 2} \times \frac{M}{\rho} \tag{2-94}$$

式中，M 为被测物质的摩尔质量；ρ 是被测物质的密度；ε 可以通过实验测定。

因式(2-94)是假定分子与分子间无相互作用而推导得到的，所以它只适用于温度不太低的气相体系。然而测定气相的介电常数和密度，在实验上难度较大，某些物质甚至根本无法使其处于稳定的气相状态。因此后来提出了一种溶液法来解决这一困难。溶液法的基本想法是，在无限稀释的非极性溶剂的溶液中，溶质分子所处的状态与气相时相近，于是无限稀释溶液中溶质的摩尔极化度 P_2^{∞} 就可以看作式(2-94)中的 P。

$$P = P_2^{\infty} = \lim_{x_2 \to 0} P_2 = \frac{3\alpha\,\varepsilon_1}{(\varepsilon_1 + 2)^2} \times \frac{M_1}{\rho_1} + \frac{\varepsilon_1 - 1}{\varepsilon_2 + 2} \times \frac{M_2 - \beta M_1}{\rho_1} \tag{2-95}$$

式中，ε_1、ρ_1 和 M_1 分别是溶剂的介电常数、密度和摩尔质量；M_2 是溶质的摩尔质量；α、β 为常数，其值可利用下列稀溶液近似公式求得：

$$\varepsilon_{溶} = \varepsilon_1 (1 + \alpha x_2) \tag{2-96}$$

$$\rho_{溶} = \rho_1 (1 + \beta x_2) \tag{2-97}$$

式(2-96)、式(2-97)中，$\varepsilon_{溶}$、$\rho_{溶}$ 分别是溶液的介电常数和密度；x_2 是溶质的摩尔分数。

已知在红外频率的电场下可以测得极性分子的摩尔诱导极化度，但在实验中由于条件的限制，很难做到这一点。根据光的电磁理论，在同一频率的高频电场作用下，透明物质的介电常数 ε 和折射率 n 的关系为

$$\varepsilon = n^2 \tag{2-98}$$

习惯上用摩尔折射度 R_2 来表示高频区测得的极化度，因为此时 $P_{转向} = 0$、$P_{原子} = 0$，则

$$R_2 = P_{电子} = \frac{n^2 - 1}{n^2 + 2} \times \frac{M}{\rho} \tag{2-99}$$

同样从式(2-99)可以推导出无限稀释时溶质的摩尔折射度的公式为

$$P_{电子} = R_2^{\infty} = \lim_{x_2 \to 0} R_2 = \frac{n_1^2 - 1}{n_1^2 + 2} \times \frac{M_2 - \beta M_1}{\rho_1} + \frac{6 n_1^2 M_1 \gamma}{(n_1^2 + 2)^2 \rho_1} \tag{2-100}$$

式(2-99)、式(2-100)中，n_1 是溶剂的折射率；γ 为常数，其值可利用如下稀溶液近似公式求得：

$$n_{溶} = n_1 (1 + \gamma x_2) \tag{2-101}$$

式中，$n_{溶}$ 是溶液的折射率。

3. 偶极矩的测定

考虑到原子极化度通常只有电子极化度的 5%～10%，而且 $P_{转向}$ 又比 $P_{电子}$ 大得多，故常常忽视原子极化度。

从式(2-92)、式(2-93)、式(2-95)和式(2-100)可得：

$$P_{转向} = P_2^{\infty} - R_2^{\infty} = \frac{4}{9} \pi L \frac{\mu^2}{kT} \tag{2-102}$$

上式把物质分子的微观性质偶极矩和它的宏观性质介电常数、密度和折射率联系起来了，分子的永久偶极矩就可用下面简化式计算

$$\mu/(C \cdot m) = 0.04274 \times 10^{-30} \sqrt{(P_2^{\infty} - R_2^{\infty})T} \tag{2-103}$$

在某种情况下，若需要考虑 $P_{原子}$ 影响时，只需对 R_2^{∞} 作部分修正就行了。

上述测量极性分子偶极矩的方法称为溶液法。溶液法测得的溶质偶极矩与气相测得的真实值间存在偏差，造成这种现象的原因是非极性溶剂与极性溶质分子相互间的作用——"溶剂化"作用，这种偏差现象称为溶液法测量偶极矩的"溶剂效应"。罗斯(Ross)和萨克(Sack)等人曾对溶剂效应开展了研究，并推导出校正公式，有兴趣的读者可阅读有关参考文献。

此外，测定偶极矩的实验方法还有多种，如温度法、分子束法、分子光谱法以及利用微波谱的斯塔克法等。

4. 介电常数与电容

任何物质的介电常数可借助于一个电容器的电容值来表示,即

$$\varepsilon = \frac{C}{C_0} \qquad (2\text{-}104)$$

式中,C 为电容器以该物质为介质时的电容值;C_0 为同一电容器在真空时的电容值。通常空气电容的介电常数接近于 1,所以介电常数可以近似的表示为

$$\varepsilon = \frac{C}{C_{空}} \qquad (2\text{-}105)$$

$C_{空}$ 为电容器以空气为介质时的电容值。因此测介电常数就变为测电容了。

实际所测电容 $C'_{样}$ 包括样品的电容 $C_{样}$ 和电容池的分布电容 C_d 两部分,即

$$C'_{样} = C_{样} + C_d \qquad (2\text{-}106)$$

对于给定的电容池,必须先测出其分布电容 C_d,可以先测出以空气为介质的电容 $C'_{空}$,在用一种已知介电常数 $\varepsilon_{标}$ 的物质测得其电容 $C'_{标}$,则:

$$C'_{空} = C_{空} + C_d \qquad (或:C'_0 = C_0 + C_d) \qquad (2\text{-}107)$$

$$C'_{标} = C_{标} + C_d \qquad (2\text{-}108)$$

因为

$$\varepsilon_{标} = \frac{C_{标}}{C_0} \approx \frac{C_{标}}{C_{空}} \qquad (2\text{-}109)$$

由式(2-107)～式(2-109)可得:

$$C_d = C'_{空} - \frac{C'_{标} - C'_{空}}{\varepsilon_{标} - 1} = \frac{\varepsilon_{标} C'_{空} - C'_{标}}{\varepsilon_{标} - 1} \qquad (2\text{-}110)$$

$$C_0 = \frac{C'_{标} - C'_{空}}{\varepsilon_{标} - 1} \qquad (2\text{-}111)$$

测出不同浓度溶液的电容 $C'_{样}$,按式(2-106)计算 $C_{样}$,按式(2-104)计算出不同浓度溶液的介电常数。

仪器和试剂

阿贝折光仪	洗耳球
PCM-1A 型精密电容测量仪	容量瓶(25mL,10mL)
电容池	乙酸乙酯(分析纯)
超级恒温槽	环己烷(分析纯)

实验步骤

1. 溶液配制

用称重法配制 4 种不同浓度的乙酸乙酯-环己烷溶液,分别盛于 25mL 容量瓶中,相关数据记入表 2-33 中。操作时应注意防止溶质和溶剂的挥发以及吸收极性较大的水汽,溶液配好后应迅速盖上瓶盖。

表 2-33 重量法配制溶液（用 25mL 容量瓶）

瓶号	1	2	3	4
空瓶重/g				
乙酸乙酯/mL	0.5	1.0	2.0	3.0
（乙酸乙酯＋瓶）/g				
乙酸乙酯/g				
（乙酸乙酯＋瓶＋环己烷）/g				
环己烷/g				

2. 折射率测定

在（25.0±0.1）℃条件下用阿贝折光仪测定环己烷及所配制的各溶液的折射率。测定时注意各样品需加样 2 次，每次读取 2 个数据，然后取平均值。阿贝折光仪的使用方法参阅实验四。

3. 介电常数的测定

本实验采用环己烷作为标准物质，其介电常数的温度公式为：

$$\varepsilon_{标} = 2.015 - 0.16 \times 10^{-2}(t/\text{℃} - 25)$$

式中，t 为恒温槽温度；25℃时 $\varepsilon_{标}$ 为 2.015。

4. 溶液密度的测定（用 10mL 容量瓶测密度）

称 10mL 小容量瓶空瓶质量（记录），加入环己烷定容，称重（记录）后，溶剂倒入回收瓶中，将容量瓶用洗耳球吹干，加入 1 号溶液定容称重（记录），然后将溶液倒入原 1 号瓶中，再将瓶用洗耳球吹干。依次类推称出余下的 3 种溶液的质量。

则环己烷和各溶液的密度按下式计算

$$\rho^{25℃} = \frac{m_2 - m_0}{m_1 - m_0} \cdot \rho_{水}^{25℃}$$

式中，m_0 为空瓶质量，g；m_1 为瓶加水的质量，g；m_2 为瓶加样品的质量，g；$\rho_{水}^{25℃}$ 为 25℃时水的密度，g·cm^{-3}。

数据处理

1. 将数据记录和结果列表表示。
2. 作 $\varepsilon_{溶}$-x_2 图，由直线斜率求算 α 值。
3. 做 ρ-x_2 图，由直线斜率求算 β 值。
4. 作 $n_{溶}$-x_2 图，由直线斜率计算 γ 值。
5. 将 ρ_2、ε_1、α 和 β 值代入式(2-95)计算 P_2^{∞}。
6. 将 ρ_1、n_1、β 和 γ 值代入式(2-100)计算 R_2^{∞}。
7. 将 P_2^{∞}、R_2^{∞} 值代入式(2-103)计算乙酸乙酯分子的偶极矩 μ 值。

思考题

1. 分析本实验误差的主要来源，如何改进？

2. 试说明溶液法测量极化分子永久偶极矩的要点，有何基本假定，推导公式时做了哪些近似？

3. 如何利用溶液法测量偶极矩的"溶剂效应"来研究极性溶质分子与非极性溶剂分子的相互作用？

参考文献

[1] 徐光宪，王祥云. 物质结构. 第2版. 北京：高等教育出版社，1987：446.

[2] Ross I G，Sack R A. Solvent effects in dipole-moment measurements. Proc Phys Soc，1950，63(B)：893.

[3] McClellan A L. Tables of Experimental Dipole Moments San Francisco：Freeman，1963：116.

[4] LeFevre R J W. Dopole Moments. 3rd edn. London：Methuen，1953：7-10.

[5] 项一非，李树家. 中级物理化学实验. 北京：高等教育出版社，1988：142.

附录 11.1 文献值

表 2-34 乙酸乙酯分子的偶极矩

μ/D	$\mu \times 10^{30}/(C \cdot m)$①	状态或溶剂	温度/℃
1.78	5.94	气	30～195
1.83	6.10	液	25
1.76	5.87	CCl_4	25
1.89②	6.30	CCl_4	25

① 按 1D=3.335 64C·m 换算；

② 本实验学生测定结果统计值略低于该值。

附录 11.2 小电容仪的使用步骤及注意事项

11.2.1 使用步骤

(1) 接通电源，预热 10min。

(2) 仪器配有两根两头接有莲花插头的屏蔽线，将两根屏蔽线分别插入仪器面板上标有"电容池"和"电容池座"的插座内，连接必须可靠。两根屏蔽线的另一端暂时不接任何物体，但屏蔽线之间不要短路，也不要接触其他导体。电容池和电容池座应水平放置。

(3) 按下校零按钮，此时数字显示应显示零值。

(4) 分别将两根屏蔽线的另一端插入电容池的插座。此时数字显示器显示的是空气的电容值($C'_{空}$)。

(5) 用移液管往电容池内加入环己烷样品，盖上盖子后，便可从数字显示器读到该样品的电容值。注意：每次加入样品量必须严格相等。重复测量 3 次，取 3 次测量的平均值，其数据的差值应小于 0.05pF。

(6) 溶液电容的测定方法与环己烷的测量相同。但在测定前，为了证实电容池电极间的残余液确已除净，可先测量以空气为介质的电容值。如电容值偏高，则用洗耳球将电容池吹干，方可加入新的溶液。所测电容值，减去 C_d，即为溶液的电容值 $C_{溶}$。由于溶液易挥发而造成浓度改变，故加样后盖子要盖紧。

11.2.2 小电容测量仪使用注意事项

（1）必须选用非极性液体作恒温浴介质，如可用变压器油。

（2）电容池的安装必须紧密，以防恒温油泄漏。

（3）每次测定前应确保内外电极之间不存在杂质。

（4）样品须浸没电极，但不可接触端盖，同时须盖紧盖子。测量前须恒温溶液。

附录11.3 溶液法测定极性分子的偶极矩实验数据的计算机处理方法

（1）作 $\varepsilon_{溶}$-x_2 图求算 α 值 打开 Excel 软件，将室温 T、空气电容的实测值 $C'_{空}$ 和环己烷的电容值 $C_{环己烷}$ 依次录入 A2、B2 和 C2。在 D2 编辑公式 $\varepsilon_{标} = 2.015 - 0.16 \times 10^{-2}(t/℃ - 25)$，即"2.015−0.0016 * (A2−25)"，得到 $\varepsilon_{标}$。在 E2 编辑公式

$$C_{空} = \frac{C_{环己烷} - C'_{空}}{\varepsilon_{标} - 1}$$

即"(C2−B2)/(D2−1)"，得到 $C_{空}$。在 F2 编辑公式 $C'_{空} - C_{空}$，即 "B2−E2"，得到 C_d。在 G2 编辑公式 $C_{环己烷} - C_{空}$，即 "C2−E2"，得到 $C_{溶}$。在 H2 编辑公式

$$\varepsilon_{溶} = \frac{C_{环己烷} - C_d}{C_{空}}$$

即"(B2−F2)/E2"，得到 $\varepsilon_{溶}$ 值。

新建 Excel 工作表，将溶液浓度和介电常数分别录入 A 和 B 列中，如表2-35 所示。以 A 为横轴，B 为纵轴，作 $\varepsilon_{溶}$-x_2 关系曲线，如附图2-62 所示。由回归方程读取斜率 k 值，填入 C2。在 D2 编辑公式 k/ε_1，即"C2/B2"，得 α 值。

表 2-35 $\varepsilon_{溶}$-x_2 数据录入及 α 计算

	A	B	C	D
1	x_2	$\varepsilon_{溶}$	k	$\alpha=k/\varepsilon_1$
2	0.00000	2.0200	3.3319	1.6495
3	0.02121	2.1100		
4	0.04324	2.1700		
5	0.08848	2.3300		
6	0.13090	2.4600		

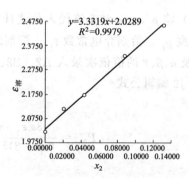

图 2-62 $\varepsilon_{溶}$-x_2 的关系曲线

（2）作 $\rho_{溶}$-x_2 图，求 β 值

新建一个 Excel 工作表，把溶液的浓度 x_2 和密度 $\rho_{溶}$ 分别填入 A 和 B 列，如表2-36 所示。以 A 列为横坐标，B 列为纵坐标作图，如图2-63 所示。将斜率 k 填入 C2 中，在 D2 编辑公式 k/ρ_1，即 "C2/B2"，得到 β 值。

（3）作 $n_{溶}$-x_2 图，求 γ 值 新建 Excel 工作表，将溶液浓度 x_2 和折射率 n 分别录入 A 和 B 列，如表2-37 所示。以 A 列为横坐标，B 列为纵坐标作图，如图2-64 所示。将斜率 k 填在 C2 中，在 D2 编辑公式 k/n_1，即"C2/B2"，得到 γ 值。

表 2-36　x_2 和 $\rho_溶$ 数据录入及 β 的计算

	A	B	C	D	E
	x_2	$\rho_溶$	k	$\beta=k/\rho_1$	
1	x_2	$\rho_溶$	k	$\beta=k/\rho_1$	
2	0.00000	0.7738	0.0893	0.11540	
3	0.02121	0.7750			
4	0.04324	0.7776			
5	0.08848	0.7818			
6	0.13090	0.7851			

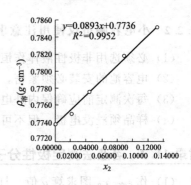

图 2-63　$\rho_溶$-x_2 的关系曲线

表 2-37　x_2 和折射率 $n_溶$ 的录入与处理

	A	B	C	D	E
	x_2	$n_溶$	k	$\gamma=k/n_1$	
1	x_2	$n_溶$	k	$\gamma=k/n_1$	
2	0.00000	1.4282	0.0630	0.0441	
3	0.02121	1.4268			
4	0.04324	1.4260			
5	0.08848	1.4222			
6	0.13090	1.4202			

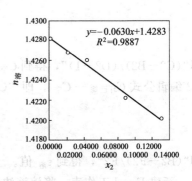

图 2-64　$n_溶$-x_2 的关系曲线

（4）将 ρ_2、ε_1、α 和 β 值代入公式计算 P_2^∞、R_2^∞ 及 μ　新建 Excel 工作表，把温度 T/K、溶剂密度 ρ_1、溶剂介电常数 ε_1、溶剂的折射率 n_1、溶剂的摩尔质量 M_1、溶质的摩尔质量 M_2 以及 α、β、γ 的值依次录入 A2、B2、C2、D2、E2、F2、G2、H2 和 I2 中，如表 2-38 所示。在 J2 编辑公式

$$P_2^\infty = \frac{3\alpha\,\varepsilon_1}{(\varepsilon_1+2)^2} \times \frac{M_1}{\rho_1} + \frac{\varepsilon_1-1}{\varepsilon_1+2} \times \frac{M_2-\beta M_1}{\rho_1}$$

即"(3 * G2 * C2 * E2)/[(C2+2)^2 * B2]+[(C2−1) * (F2−H2 * E2)]/[B2 * (C2+2)]"，得到 P_2^∞。

在 K2 编辑公式　　$P_{电子} = R_2^\infty = \lim\limits_{x_2 \to 0} R_2 = \dfrac{n_1^2-1}{n_1^2+2} \times \dfrac{M_2-\beta M_1}{\rho_1} + \dfrac{6n_1^2 M_1 \gamma}{(n_1^2+2)^2 \rho_1}$

即"(D2^2−1) * (F2-H2 * E2)/[(D2^2+2) * B2]+6D2^2 * E2 * I2/(D2^2+2)^2 * B2]"，得到 R_2^∞。

在 L2 编辑公式 $\mu/\text{C} \cdot \text{m} = 0.04274 \times 10^{-30} \sqrt{(P_2^\infty - R_2^\infty)T}$，即 "0.04274 * [10^(−30)] * { [(J2−K2) * A2]^(1/2)}"，得到 μ。

表2-38 计算 P_2^∞、R_2^∞ 及 μ

Microsoft Excel - 溶液法测定极性分子的偶极矩.xls

文件(F) 编辑(E) 视图(V) 插入(I) 格式(O) 工具(T) 数据(D) 窗口(W) 帮助(H)

	A	B	C	D	E	F	G	H	I	J	K	L
1	T/K	ρ_1	ε_1	n_1	M_1	M_2	α	β	γ	P_2^∞	R_2^∞	μ
2	285.5	685.9	2.040	1.378	84.16	88.10	1.650	0.2793	0.0052	0.1002	0.0237	1.996E-31
3												

第 3 章 ｜ 综合设计实验

实验十二
电势-pH 曲线的测定与应用

实验要求

1. 测定 Fe^{3+}/Fe^{2+}-EDTA 络合体系在不同 pH 条件下的电极电势，绘制电势-pH 曲线
2. 据测定的电势-pH 曲线设计较合适的脱硫条件，并进行实验研究。

基本原理

1. 电势-pH 曲线的绘制

电势-pH 曲线在电化学分析工作中具有广泛的应用价值，这是因为许多氧化还原反应的发生，都与溶液的 pH 有关，此时电极电势不仅随溶液的浓度和离子强度变化，还随溶液的 pH 不同而改变，对于这样的体系，有必要考察其电极电势与 pH 值的关系，从而对电极反应得到一个比较完整、清晰的认识。如果指定溶液的浓度，改变其酸碱度，同时测定相应的电极电势与溶液的 pH 值，以电极电势对 pH 作图，这样就绘制出电势-pH 曲线，也称电势-pH 图。图 3-1 为 Fe^{3+}/Fe^{2+}-EDTA 和 S/H_2S 体系的电势与 pH 的关系示意图。

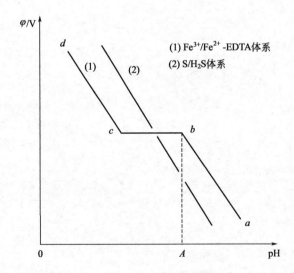

图 3-1　Fe^{3+}/Fe^{2+}-EDTA 和 S/H_2S 体系的电势与 pH 的关系示意图

对于 Fe^{3+}/Fe^{2+}-EDTA 体系，在不同 pH 值时，其络合物有所差异。假定 EDTA 的酸根离子为 Y^{4-}，可将 pH 值分成 3 个区间来讨论其电极电势的变化。

（1）在高 pH 值（图 3-1 中的 ab 区间）时，溶液的络合物为 $Fe(OH)Y^{2-}$ 和 FeY^{2-}，其电

极反应为：

$$Fe(OH)Y^{2-} + e \longrightarrow FeY^{2-} + OH^-$$

根据能斯特(Nernst)方程，其电极电势为：

$$\varphi = \varphi^\theta - \frac{RT}{F}\ln\frac{a_{FeY^{2-}} \cdot a_{OH^-}}{a_{Fe(OH)Y^{2-}}} \qquad (3\text{-}1)$$

式中，φ^θ 为标准电极电势；a 为活度。

由 a 与活度系数 γ 和质量摩尔浓度 m 的关系可得：

$$a = \gamma\frac{m}{m^0} \qquad (3\text{-}2)$$

同时考虑到在稀溶液中水的活度积 K_W 可以看作为水的离子积，又按照 pH 的定义，则式(3-1)可改写为：

$$\varphi = \varphi^\theta - \frac{RT}{F}\ln\frac{\gamma_{FeY^{2-}}K_W}{\gamma_{Fe(OH)Y^{2-}}} - \frac{RT}{F}\ln\frac{m_{FeY^{2-}}}{m_{Fe(OH)Y^{2-}}} - \frac{2.303RT}{F}pH \qquad (3\text{-}3)$$

令 $b_1 = \dfrac{RT}{F}\ln\dfrac{\gamma_{FeY^{2-}}K_W}{\gamma_{Fe(OH)Y^{2-}}}$，在溶液离子强度和温度一定时，$b_1$ 为常数。则

$$\varphi = (\varphi^\theta - b_1) - \frac{RT}{F}\ln\frac{m_{FeY^{2-}}}{m_{Fe(OH)Y^{2-}}} - \frac{2.303RT}{F}pH \qquad (3\text{-}4)$$

在 EDTA 过量时，生成的络合物的浓度可近似地看作为配置溶液时铁离子的浓度，即 $m_{FeY^{2-}} \approx m_{Fe^{2+}}$，$m_{Fe(OH)Y^{2-}} \approx m_{Fe^{3+}}$。当 $m_{Fe^{3+}}$ 与 $m_{Fe^{2+}}$ 比例一定时，φ 与 pH 呈线性关系，即图 3-1 中的 ab 段。

(2) 在特定的 pH 范围内，Fe^{2+}、Fe^{3+} 与 EDTA 生成稳定的络合物 FeY^{2-} 和 FeY^-，其电极反应为：

$$FeY^- + e \longrightarrow FeY^{2-}$$

电极电势表达式为：

$$\varphi = \varphi^\theta - \frac{RT}{F}\ln\frac{a_{FeY^{2-}}}{a_{FeY^-}} = \varphi^\theta - \frac{RT}{F}\ln\frac{\gamma_{FeY^{2-}}}{\gamma_{FeY^-}} - \frac{RT}{F}\ln\frac{m_{FeY^{2-}}}{m_{FeY^-}} = (\varphi^\theta - b_2) - \frac{RT}{F}\ln\frac{m_{FeY^{2-}}}{m_{FeY^-}} \qquad (3\text{-}5)$$

式中，$b_2 = \dfrac{RT}{F}\ln\dfrac{\gamma_{FeY^{2-}}}{\gamma_{FeY^-}}$，当温度一定时，$b_2$ 为常数，在此 pH 范围内，该体系的电极电势只与 $\dfrac{m_{FeY^{2-}}}{m_{FeY^-}}$ 的比值有关，或者说只与配制溶液时 $\dfrac{m_{Fe^{2+}}}{m_{Fe^{3+}}}$ 的比值有关。曲线中出现平台区(如图 3-1 中的 bc 段)。

(3) 在低 pH 时，体系的电极反应为：

$$FeY^- + H^+ + e \longrightarrow FeHY^-$$

同理可求得

$$\varphi = (\varphi^\theta - b_3) - \frac{RT}{F}\ln\frac{m_{FeHY^-}}{m_{FeY^-}} - \frac{2.303RT}{F}pH \qquad (3\text{-}6)$$

式中，$b_3 = \dfrac{RT}{F}\ln\dfrac{\gamma_{FeHY^-}}{\gamma_{FeY^-}}$，当温度一定时，$b_3$ 为常数，在 $\dfrac{m_{Fe^{2+}}}{m_{Fe^{3+}}}$ 不变时，φ 与 pH 呈线性关系(即图 3-1 中 cd 段)。

由此可见，只要将体系(Fe^{3+}/Fe^{2+}-EDTA)用惰性金属(如 Pt)作导体组成电极，并且与另一参比电极(如饱和甘汞电极)组成原电池测量其电动势，即可求得体系(Fe^{3+}/Fe^{2+}-EDTA)的电极电势，与此同时采用酸度计测出相应条件下的 pH 值，从而可绘制出相应体系的电势-pH 曲线。

2. 电势-pH 曲线的应用

本实验讨论的 Fe^{3+}/Fe^{2+}-EDTA 体系可用于天然气脱硫。天然气中含有 H_2S，它是一种有害物质，大量吸入会损害健康，如当空气中硫化氢浓度达到 $20\,mg\cdot m^{-3}$ 时会引起恶心、头晕、头痛、疲倦、胸部压迫及眼、鼻、咽喉黏膜的刺激症状；硫化氢浓度达 $60\,mg\cdot m^{-3}$ 时，则可出现抽搐、昏迷甚至呼吸中枢麻痹而死亡。利用 Fe^{3+}-EDTA 溶液可将天然气中的 H_2S 氧化为 S 而过滤除去，溶液中的 Fe^{3+}-EDTA 络合物还原为 Fe^{2+}-EDTA 络合物，通入空气又可使 Fe^{2+}-EDTA 迅速氧化为 Fe^{3+}-EDTA，从而使溶液得到再生，循环利用。其反应如下：

$$2FeY^- + H_2S \xrightarrow{\text{脱硫}} 2FeY^{2-} + 2H^+ + S\downarrow$$

$$2FeY^- + \frac{1}{2}O_2 + H_2O \xrightarrow{\text{再生}} 2FeY^- + 2OH^-$$

我们可根据测定的 Fe^{3+}/Fe^{2+}-EDTA 络合体系的电势-pH 曲线选择较合适的脱硫条件。例如，低含硫天然气 H_2S 含量约为 $1\times 10^{-4}\sim 6\times 10^{-4}\,kg\cdot m^{-3}$，在 25℃时相应的 H_2S 的分压为 $7.29\sim 43.56\,Pa$。

根据电极反应：

$$S + 2H^+ + 2e =\!=\!= H_2S(g)$$

在 25℃时，其电极电势：

$$\varphi/V = -0.072 - 0.0296\lg\left(\frac{p_{H_2S}}{p^\theta}\right) - 0.0591pH$$

对于 H_2S 压力确定的 S/H_2S 体系，其 φ 和 pH 关系，可如图 3-1 曲线(2)所示。从图 3-1 中可以看出，对任何具有一定 $\dfrac{m_{Fe^{2+}}}{m_{Fe^{3+}}}$ 比值的脱硫液而言，此脱硫液的电极电势与反应 $S + 2H^+ + 2e =\!=\!= H_2S(g)$ 的电极电势之差值在电势平台区的 pH 范围内随着 pH 的增大而增大，到平台区的 pH 上限时，两电极电势的差值最大，超过此 pH 值，两电极电势差值不再增大而是为定值。这一事实表明，任何具有一定 $\dfrac{m_{Fe^{2+}}}{m_{Fe^{3+}}}$ 比值的脱硫液在它的电势平台区的 pH 上限时，脱硫的热力学趋势达到最大，超过此 pH 值后，脱硫趋势不再随 pH 增大而增加。可见图 3-1 中 A 点以及大于 A 点的 pH 值是该体系脱硫的合适条件。

还应指出，脱硫液的 pH 值不宜过大，实验表明，如果 pH 大于 12，会有 $Fe(OH)_3$ 沉淀出来，在实验中必须注意。

仪器和试剂

pH-3V 酸度电势测定仪   磁力搅拌器

复合电极   铂电极

150mL 夹套瓶 $FeCl_3 \cdot 6H_2O$(化学纯)

$FeCl_2 \cdot 4H_2O$(化学纯)   EDTA(四钠盐)(化学纯)

NaOH(化学纯)   HCl(化学纯)

标准缓冲溶液 N_2

实验步骤

一、基础实验部分

1. 仪器装置

按如图 3-2 所示安装仪器和电极。若无复合电极，可用玻璃电极与甘汞电极代替。

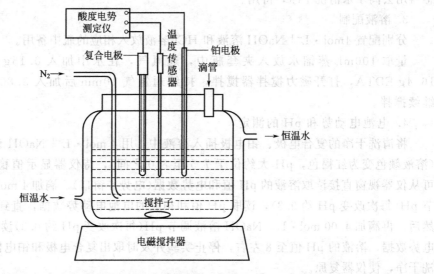

图 3-2 电势-pH 曲线测定装置图

2. 仪器的校正

pH-3V 酸度电势测定仪的面板视窗如图 3-3 所示。

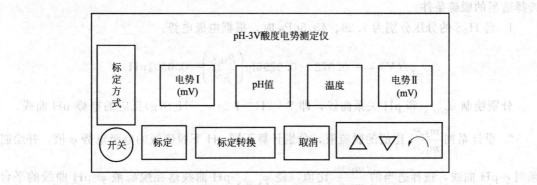

图 3-3 pH-3V 酸度电势测定仪的面板视窗示意图

(1)打开电源开关，仪器预热 15min，在仪器处于测量状态下，按下标定转换键，选择标定方式(1 点法或 2 点法，建议使用 2 点法比较准确)，按住标定键 3 s 以上，标定指示灯亮，将电极、温度传感器放入装有标准缓冲溶液的小烧杯中，此时 pH 值显示窗口的小数点后第三位闪烁，等到电势 I 值稳定，根据所显示的温度确定标准溶液的标准 pH 值，如常用 pH 为 7 的磷酸盐标准缓冲溶液在 25℃时的 pH 为 6.863，在 pH 小数点后第三位闪烁时，可用增加键 △ 或减小键 ▽ 使显示窗口数值为 3，按换位键 ⌒，小数点后第二位数字闪烁，仍用增加键 △ 或减小键 △ 标定，使小数点后第二位数字为 6，依此类推，直至该缓冲溶液标定完毕。注意在标定过程中如果输入失误，可按取消键重新输入，另外，换位键只能从右向左逐位标定。

若设置的是 2 点法标定，则用 pH 为 7 的缓冲溶液标定后，还应将电极、温度传感器清洗干净，继续用 pH 为 4 的标准缓冲溶液重复上述操作，继续标定。

(2) 第二次标定后，按换位键 ⌒，仪器将自动进入测量状态，将复合电极、温度传感器用去离子水清洗干净，待用。

3. 溶液配制

分别配置 $4mol \cdot L^{-1}$ NaOH 溶液和 HCl 溶液放入相应的瓶中备用。

量取 100mL 蒸馏水放入夹套瓶中，通氮气，在水中加入 0.15g $FeCl_3 \cdot 6H_2O$ 和 16.4g EDTA，打开磁力搅拌器搅拌，持续通氮气 10min 后加入 3.80g $FeCl_2 \cdot 4H_2O$，继续搅拌。

4. 电池电动势和 pH 的测定

将清洗干净的复合电极、铂电极插入溶液中，用 4 mol·L⁻¹ NaOH 调节溶液的 pH 值(溶液颜色变为红褐色，pH 大约位于 7.5 至 8.0 之间)，待仪器显示值稳定后(约 10min)，可从仪器视窗直接读取溶液的 pH 值和电势数据(电势 II 窗口)。滴加 4 mol·L⁻¹ HCl 溶液调节 pH(每次改变 pH 约 0.3)，读取 pH 值和相应的电池电动势数据，直到溶液变浑浊为止。然后，再滴加 4.00 mol·L⁻¹ NaOH 溶液调节 pH(每次改变 pH 约 0.3)读取 pH 值和相应的电势数据，溶液的 pH 值至 8 左右，停止实验并及时取出复合电极和铂电极，用去离子水清洗干净，使仪器复原。

二、设计实验部分

含硫低的天然气中，H_2S 含量约为 $(1 \times 10^{-4} \sim 6 \times 10^{-4}) kg \cdot m^{-3}$，在 25℃时相应的 H_2S 的分压为 7.29~43.56Pa。根据测定的 Fe^{3+}/Fe^{2+}-EDTA 络合体系的电势-pH 曲线可选择适当的脱硫条件。

1. 当 H_2S 的分压分别为 7.29、43.56Pa 时，根据电极电势：

$$\varphi/(V) = -0.072 - 0.0296\lg\left(\frac{p_{H_2S}}{p^{\ominus}}\right) - 0.0591pH$$

分别绘制 φ_{S/H_2S} 和 pH 关系曲线，即 $S + 2H^+ + 2e \Longrightarrow H_2S(g)$ 反应的电势-pH 曲线。

2. 设计系列 $\dfrac{m_{Fe^{2+}}}{m_{Fe^{3+}}}$ 比值的脱硫液，分别计算不同 pH 下脱硫液的电极电势 φ 值，并绘制系列 φ-pH 曲线，选择适当的 $\dfrac{m_{Fe^{2+}}}{m_{Fe^{3+}}}$ 比值，使 φ_{S/H_2S}-pH 曲线落在脱硫液 φ-pH 曲线的平台区内。

3. 根据所选择的 $\dfrac{m_{Fe^{2+}}}{m_{Fe^{3+}}}$ 比值，配制脱硫液，测定脱硫液的 φ-pH 曲线，确定最佳的脱硫液。

数据处理

1. 以表格形式正确记录数据，由测定的电池电动势求算出相对标准氢电极的电极电势。绘制电势-pH 曲线，由曲线确定 FeY^- 和 FeY^{2-} 稳定的 pH 范围。

$$E_{电池} = \varphi_{Pt} - \varphi_{SCE}$$

$$\varphi_{SCE}/(V) = 0.2415 - 7.6 \times 10^{-4}(T/K - 298)$$

2. 根据所设计的脱硫液，通过计算结果所绘制的电势-pH 曲线，确定合适的理论脱硫条件。

3. 通过实验测试结果，绘制脱硫液的电势-pH 曲线，确定合适的脱硫条件。

实验注意事项

1. 搅拌速度必须加以控制，防止由于搅拌不均匀造成加入 NaOH 时，溶液上部出现少量的 $Fe(OH)_3$ 沉淀。

2. 复合电极不要与强吸水溶剂接触太久，在强碱溶液中使用应尽快操作，用毕立即用水洗净，玻璃电极球泡膜很薄，不能与玻璃杯等硬物相碰。

思考题

1. 写出 Fe^{3+}/Fe^{2+}-EDTA 体系的电势平台区、低 pH 和高 pH 值时，体系的基本电极反应及其所对应的电极电势公式的具体表示式，并指出各项的物理意义。

2. 脱硫液的 $m_{Fe^{3+}}/m_{Fe^{2+}}$ 比值不同，测得的电势-pH 曲线有什么差异？

参考文献

[1] 复旦大学等. 物理化学实验. 北京：高等教育出版社，2004：73-77.
[2] 游效曾. 电势-pH 图及其应用. 化学通报，1975，2：60-65.
[3] 四川大学化学系天然气脱硫科研组. Fe(Ⅲ)[Fe(Ⅱ)]-EDTA 络合体系的电位-pH 曲线及用 EDTA 络合铁盐法脱除天然气中 H_2S 时脱硫条件的探讨. 四川大学学报：自然科学版，1976，3：23-31.

附录 12   电势-pH 曲线的测定与应用数据的计算机处理方法

打开 Excel 软件，分别将不同 pH 值及其对应的 Fe^{3+}/Fe^{2+}-EDTA 络合体系的电极电势 E/mV 分别录入 A 和 B 列（如表 3-1 所示）。

以 pH（A 列）为横坐标，E/mV（B 列）为纵坐标作图，如图 3-4 所示。

依次选中 A 和 B 列，在表格工具栏中选中 插入(I) 按钮，单击图表，在图表类型中选择 XY 散点图。然后单击 下一步(N)> 按钮，继续单击 下一步(N)> 按钮，依次填入 x 和 y 轴的量纲。再单击 下一步(N)> 按钮，最后单击 完成(F) 按钮，得到完整的 Fe^{3+}/Fe^{2+}-EDTA 络合体系电势和 pH 关系曲线。

表 3-1 Fe^{3+}/Fe^{2+}-EDTA 络合体系电势和 pH 关系

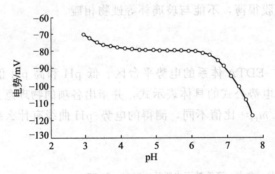

	A	B	C	D	E	F	G	H
1	pH	E/mV						
2	7.61	168.14						
3	7.41	157.85						
4	7.23	147.39						
5	7.01	136.36						
6	6.83	129.06						
7	6.62	121.99						
8	6.40	117.91						
9	6.22	115.69						
10	6.03	114.28						
11	5.82	113.29						
12	5.59	112.59						
13	5.39	112.11						
14	5.21	111.51						
15	4.99	111.30						
16	4.80	111.21						
17	4.62	111.05						
18	4.44	110.51						
19	4.06	109.72						
20	3.82	108.56						
21	3.67	107.54						
22	3.44	105.69						
23	3.27	103.20						
24	3.07	98.99						

图 3-4 Fe^{3+}/Fe^{2+}-EDTA 络合体系电势-pH 曲线

实验十三

氢气的制备及质子交换膜燃料电池的组装与测试

实验目的

1. 掌握硼氢化钠水解制氢原理和方法。

2. 了解质子交换膜燃料电池的结构和工作原理。

3. 掌握膜电极的制备和单燃料电池的组装技术。

4. 了解纳米催化剂在燃料电池中的应用。

实验原理

燃料电池(fuel cell，FC)是一种通过电化学反应直接将化学能转变为低压直流电的装置。FC 通常按电解质类型分为 5 种类型，即磷酸型燃料电池、熔融碳酸盐燃料电池、固体氧化物燃料电池、碱性燃料电池和氢/氧(空)质子交换膜燃料电池(proton exchangemembrane fuel cell，PEMFC)。PEMFC 通过氢气和氧气发生电化学反应产生直流电和水，与火力、水利、风力、太阳能和核能发电技术相比，具有高能量转换效率、高比功率、无运动部件、低红外辐射、体积小和环境友好等优点，世界各国都把它视为解决环境与能源短缺问题的重要攻关项目之一。

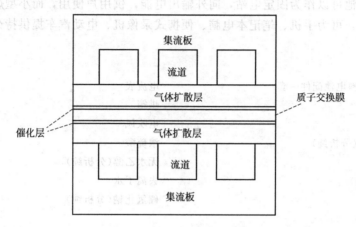

图 3-5　PEMFC 结构示意图

从本质上来讲，PEMFC 发生的电化学反应是电解水的一个逆反应。在电解水过程中，外加电压将水电解，产生氢和氧；而在 PEMFC 中，则是氢和氧通过电化学反应生成水，并释放出电能。PEMFC 的结构如图 3-5 所示，它包括阴极、阳极和质子交换膜。其中阴极和阳极又分别包括集流板、气体扩散层、催化层。集流板用来收集电子，为电池提供支撑作用。集流板上的流道主要是均匀分配氧化剂、燃料以及导出反应生成的热量。气体扩散层是导电材料制成的多孔合成物，为气体从流道扩散到催化层提供通道。催化层的作用是使燃料和氧化剂发生电化学反应，催化剂的质量直接影响燃料电池性能。目前多采用 Pt/C 催化剂，为了减少催化剂的用量，一般将催化层做成粗糙多孔的结构，使其比表面积尽可能大，以促进氢气和氧气的反应。

质子交换膜是 PEMFC 中一个非常重要的组件，它兼有隔膜和电解质的作用。其隔膜作用就是阻止阴阳极之间气体相通，防止氢氧混合发生爆炸，仅使质子通过，而使电子传递受阻，这样电子就被迫通过外电路流动向外输出电能。目前常用的质子交换膜为全氟磺酸型固体聚合物，磺酸基团固定在聚合物上，不能自由移动，质子可自由地通过电解质迁移，但是质子的移动受质子交换膜润湿条件的制约，质子交换膜润湿越好，质子传递阻力越小，也就越容易通过，相反，如果质子交换膜干涸，质子传递则受阻，PEMFC 的发电能力降低。

PEMFC 的工作原理为：当阳极和阴极流场板分别供给氢气与氧气时，反应气体经扩散层扩散。进入多孔阳极的氢气被催化剂吸附并离解为氢离子并释放出电子，如反应(1)所示。氢离子经由质子交换膜转移到阴极，电子通过外电路也到达阴极，在阴极催化层上氢离子、氧原子结合成水分子，如反应(2)所示。生成的水通过电极随反应尾气排出，电子在外电路形成电流，通过适当连接可向负载输出电能。燃料电池总的化学反应如（3）所示。

阳极反应：$H_2 \longrightarrow 2H^+ + 2e$ $\varphi^0 = 0.00V$ (1)

阴极反应：$\frac{1}{2}O_2 + 2H^+ + 2e \longrightarrow H_2O$ $\varphi^0 = 1.23V$ (2)

电池总反应：$H_2(g) + \frac{1}{2}O_2(g) \longrightarrow H_2O(l)$ $E_{cell}^0 = 1.23V$ (3)

    燃料电池虽然和普通化学电池一样，都是通过电化学反应产生电能，但是，普通化学电池只是一个有限的电能输出和储存装置，而燃料电池只要保证燃料和氧化剂的供应，可连续不断地产生电能，是一个发电装置。燃料电池作为一种新能源，可以用于生活中的各个方面，大型燃料电池可以作为固定电站，向外输出电能，供用户使用，而小型燃料电池则可以作为便携式电源，可为手机、笔记本电脑、便携式录像机、电动汽车提供持久使用电源。

仪器和试剂

质子交换膜燃料电池配件一套   电流表
电压表   烘箱
恒温水浴锅   电吹风
30%的 H_2O_2（分析纯）   浓硫酸
丙酮（分析纯）   无水乙醇（分析纯）
NaOH（分析纯）   去离子水
Pt 催化剂浆料   硼氢化钠（分析纯）

实验步骤

1. 查阅文献，明确硼氢化钠水解制氢原理和方法，设计实验方案，制备氢气。

2. 质子交换膜及碳纸的处理

将质子交换膜（4cm×4cm）放入温度为 80℃ 3%的 H_2O_2 水溶液中浸泡 1h，取出用去离子水洗净，在去离子水中煮沸 1h 后，再在 1mol·L^{-1} 的硫酸溶液中浸泡 1h，取出用去离子水洗净，再在去离子水中煮沸 1h 并洗至中性，最后浸泡保存在去离子水中备用。

将 2 片（2.5cm×2.5cm）碳纸置于丙酮溶液中浸泡 0.5h 后，用去离子水清洗，置于烘箱内烘干备用。

3. 催化剂的固定

清洗涂膜夹具及垫圈，并用无水乙醇擦拭干净。在底座上放上一块密封垫，然后放上质子交换膜，再放上一块密封垫，将夹具面板盖上，然后扭紧螺丝将膜固定。将配好的催化剂浆料均匀涂在质子交换膜上，用电吹风器吹干。再将质子交换膜从夹具上取下，将质子交换膜的反面用同样方法涂覆催化剂。

4. 燃料电池组装

首先将 4 个螺丝装在有机玻璃的氧气侧端板上，依次安装集流板、密封垫、碳纸、涂覆催化剂的质子交换膜、密封垫、碳纸、集流板、密封垫和氢气端板，用螺丝将电池锁紧，装上电极接头。

5. 燃料电池的应用

将组装好的燃料电池与小风扇连接，将氢气导管连到燃料电池的阳极，硼氢化钠水解产生的氢气经导管进入燃料电池。燃料电池开始工作，观察小风扇转动情况。

6. 燃料电池极化曲线的测定

将电压表并联于外电路，将电流表串联于外电路，测试燃料电池的电流随电压的变化。

7. 电极材料的回收

测试结束后，将燃料电池与小风扇分离，拆卸燃料电池，将使用过的碳纸置于丙酮溶液中浸泡0.5h，然后用去离子水清洗，最后将碳纸置于烘箱内烘干备用。将涂覆催化剂的膜浸入乙醇中，催化剂层会溶解脱落，将收集的催化剂溶液蒸发至一定浓度以重复使用。将去除催化剂的膜在去离子水中煮沸1h，然后浸入去离子水中以重复使用。将其他配件清洗干净。

数据处理

1. 归纳总结硼氢化钠水解制氢的实验条件，阐明影响产氢效率的关键因素。
2. 将电流、电压数据列表，绘制电流、电压关系曲线（极化曲线）。

思考题

1. 以甲醇或乙醇代替氢燃料，阳极发生什么反应？
2. 举例说明其他制氢方法。
3. 如何设计1个可以带动更大功率负载的燃料电池系统？
4. 燃料电池作为一种新的能源技术，有什么发展优势和应用前景？
5. 目前燃料电池在那些领域得到了应用？

参考文献

[1] Srinivasan S. Fuel Cells, From Fundamentals to Applications. Berlin: Springer, 2006.

[2] Zhang J J. PEM Fuel Cell Electrocatalysts and Catalyst Layers: Fundamentals and Applications, Berlin: Springer, 2008.

注意事项

1. 本实验中有氢气产生，实验室严禁明火，并保持良好通风。
2. 防止质子交换膜在操作过程中被戳破。如果膜有破损则需重新更换。
3. 必须将催化剂浆料均匀涂覆于膜上（此时膜会发生卷曲），并及时吹干。
4. 安放碳纸时注意将碳纸准确放置在密封垫中空处，避免漏气。
5. 燃料电池装配时，螺丝应均匀、交叉拧紧，以达最佳密封。
6. 利用一体化燃料电池系统时，要严格禁止制氢装置中的水流入燃料电池，以免损坏燃料电池。

实验十四

镍在硫酸溶液中的电化学行为

实验目的

1. 测定镍在硫酸溶液中的钝化曲线。
2. 测定镍在硫酸溶液中的循环伏安曲线。

3. 了解金属钝化行为的原理和测量方法。

4. 了解循环伏安法的原理和测定测定技术。

5. 了解 Cl^- 浓度对镍在硫酸溶液中钝化行为的影响。

实验原理

1. 金属的钝化行为

使化学能转化为电能的装置称为原电池或简称为电池，而使电能转化为化学能的装置称为电解池。无论是电池还是电解池，只要电极上有电流通过，就有极化作用发生，这个过程是不可逆过程。电解通常是在不可逆条件下进行的。金属作为阳极发生电化学溶解的过程，即金属的阳极过程，其阳极反应如下式所示。

$$M \longrightarrow M^{n+} + ne$$

当电极电势高于其热力学电势时，阳极才能发生电化学溶解。这种电极电势偏离其热力学电势的现象称为极化。当阳极极化程度较小时，阳极溶解的速率(电流密度)随着电势变正而逐渐增大，这是金属的正常溶解，这一过程通常可以用极化曲线，即电流密度与电极电势关系曲线来描述。但当电极电势正到某一数值时，其溶解速率达到最大，而后阳极溶解速率随着电势变正，反而大幅度地降低，这种现象称为金属的钝化现象。金属的钝化行为可用钝化曲线来描述。

金属钝化一般可分为两种。若把镍浸入浓硫酸中，刚开始时，镍在酸中溶解这时镍处于活化状态。经过一段时间后，镍几乎停止了溶解，这种现象被称之为化学钝化。另一种钝化称之为电化学钝化，即用阳极极化的方法使金属发生钝化。金属处于钝化状态时，其溶解速度较小，钝化区的电流密度一般为 $10^{-8} \sim 10^{-6} A \cdot cm^{-2}$。

金属由活化状态转变为钝化状态，至今还存在着两种不同的观点。有人认为金属钝化是由于金属表面形成了一层氧化物，因而阻止了金属进一步溶解；也有人认为金属钝化是由于金属表面吸附氧而使金属溶解速率降低。前者称为氧化物理论，后者称为表面吸附理论。

(1)影响金属钝化过程的几个因素 金属钝化现象是十分常见的，人们已对它进行了大量的研究。影响金属钝化过程及钝态性质的因素可归纳为以下几个方面。

① 溶液的组成 溶液中存在的 H^+、卤素离子以及某些具有氧化性的阴离子对金属的钝化现象起着颇为显著的影响。在中性溶液中，金属一般比较容易钝化，而在酸性溶液或某些碱性溶液中要困难得多，其原因与阳极反应产物的溶解度有关。卤素离子，特别是氯离子的存在会明显阻止金属的钝化，已经钝化了的金属也容易被它破坏(活化)，而使金属的阳极溶解速率重新增加。溶液中存在某些具有氧化性的阴离子，如 CrO_2^{4-}，则可以促进金属的钝化。

② 金属的化学组成和结构 各种纯金属的钝化能力大不相同，以铁、镍、铬三种金属为例，铬最容易钝化，镍次之，铁较差些。因此添加铬、镍可以提高钢铁的钝化能力，不锈钢就是一个极好的例子。一般来说，在合金中添加易钝化的金属时可以大大提高合金的钝化能力及钝态的稳定性。

③ 外界因素(如温度、搅拌等) 一般来说温度升高以及搅拌加剧时可以推迟或防止钝化作用的产生，这明显与离子的扩散有关。电极活化处理的方式及其程度也将影响金属的钝

化过程。

　　(2)金属钝化曲线的测量方法　研究金属钝化的方法通常有恒电流法和恒电势法(控制电势法)。由于恒电势法能够测出完整的金属钝化曲线，因此，在研究金属钝化中比恒电流法更能反映电极的实际过程。利用电化学工作站测量极化曲线时，采用三电极体系：以所要研究的电极为工作电极，Ag/AgCl 电极为参比电极，铂电极为对电极(实验装置如图 3-6 所示)。电化学工作站能将研究电极的电势恒定地维持在所需值，然后测量对应于该电势下的电流。由于电极表面状态在未建立稳定状态之前，电流会随时间而改变，故一般测出的曲线为"暂态"极化曲线。在实际测量中，常采用的控制电势测量方法有下列两种。

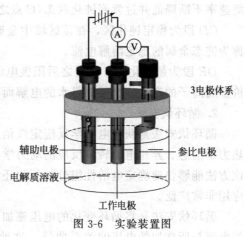

3电极体系

辅助电极　　　参比电极
电解质溶液

工作电极

图 3-6　实验装置图

　　① 静态法　将电极电势较长时间地维持在某一恒定值，同时测量电流随时间的变化，直到电流值基本上达到某一稳定值。如此逐点地测量各个电极电势(例如每隔 20、50 或 100mV)下的稳定电流值，以获得完整的极化曲线。

　　② 动态法　控制电极电势以较慢的速度连续地改变，即线性电势扫描(如图 3-7 所示)，并测量对应电势下的瞬时电流值，以瞬时电流与对应的电极电势作图，获得完整的极化曲线(如图 3-8 所示)。所采用的扫描速度(即电势变化的速度)需要根据研究体系的性质选定。一般来说，电极表面建立稳态的速度愈慢，则扫描速度也应愈慢，这样才能使所测得的极化曲线与采用静态法接近。

　　上述两种方法都已获得了广泛的应用。从测定结果的比较可以看出，静态法测量结果虽较接近稳态值，但测量时间太长。故本实验采用动态法。

　　用动态法测量金属的阳极极化曲线时，对于大多数金属均可得到如图 3-8 所示的形式。图中的曲线可分为四个区域：

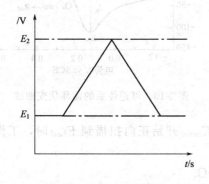

图 3-7　线性电势扫描

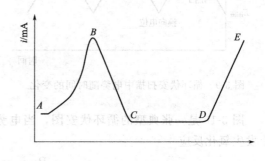

图 3-8　金属在硫酸溶液中的钝化曲线

　　AB 段为活性溶解区，此时金属进行正常的阳极溶解，阳极电流随电位的变化符合 Tafel 公式。AB 段其实就是一条阳极极化曲线。

　　BC 段为过渡钝化区，电位达到 B 点时，电流达到最大值，此时的电流称为钝化电流

（$I_{钝}$），所对应的电位称为临界电位或钝化电势（$E_{钝}$），电位过 B 点后，金属开始钝化，其溶解速率不断降低并过渡到钝化状态（C 点之后）。

CD 段为稳定钝化区，在该区域中金属的溶解速率基本上不随电位而改变。此时的电流称为钝态金属的稳定溶解电流。

DE 段为超钝化区，D 点之后阳极电流又重新随电位的正移而急剧增大。此时可能是高价金属离子的产生，也可能是水的电解而析出 O_2，还可能是两者同时出现。

2. 循环伏安法

循环伏安法是获得电化学反应定性信息的有效方法，能够快速提供氧化还原反应的大量热力学信息、异相电子转移反应的动力学信息、偶联反应以及吸附过程的大量信息。特别是该方法能够快速确定电活性组分的氧化还原电位，方便评价出介质对氧化还原过程的影响，应用非常广泛。

循环伏安法是将循环变化的电压施加于工作电极与辅助电极之间，记录工作电极上得到的电流与所施加的电压的关系曲线。这种施加电压的方法通常称为三角波线性电位扫描实验。根据获取信息的不同，可采用单循环或多循环。在电位扫描过程中，电化学工作站测定由施加电压而产生的电流，获得的电流-电势曲线图，称为循环伏安图。循环伏安图是大量的物理和化学参数与时间关系的复杂函数。

如图 3-9 所示，控制研究电极的电势以扫速 v 从 $E_{initial}$ 开始向电势正方向扫描，到时间 $t=\lambda$（相应电势为 E_{final}）时，改变电势扫描方向，以相同的扫速回到起始电势 $E_{initial}$，即完成了一个循环扫描。然后电势再次换向，反复扫描，即采用的电势控制信号为连续三角波信号。记录下的 i-E 曲线，即为循环伏安曲线（cyclic voltammogram）。这种测量方法称为循环伏安法（cyclic voltammetry，CV）。循环伏安法是应用最为广泛的一种电化学测量方法。

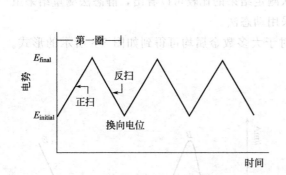

图 3-9　循环伏安扫描中电势随时间的变化

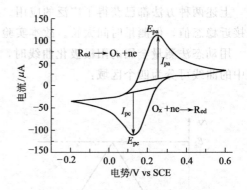

图 3-10　可逆体系的循环伏安曲线

图 3-10 是一张典型的循环伏安图，当电势从 $E_{initial}$ 开始正向扫描到 E_{final} 时，工作电极上发生氧化反应

$$R_{ed} - ne \longrightarrow O_x$$

式中，O_x 为氧化态；R_{ed} 为还原态。

当电势从 E_{final} 至 $E_{initial}$ 进行反向扫描时，工作电极上发生还原反应

$$O_x + ne \longrightarrow R_{ed}$$

这样，电位扫描经过了 $E_{initial}$ 至 E_{final} 再回到 $E_{initial}$ 的 1 次循环，其电流响应如图 3-10 所示，

电流随着电势变化而变化，正向扫描时，伏安曲线上出现了 1 个阳极峰，阳极峰电位为 E_{pa}，阳极峰电流为 I_{pa}；反向扫描时，出现了 1 个阴极峰，阴极峰电位为 E_{pc}，阴极峰电流为 I_{pc}。它们都是循环伏安法中的重要参数。根据 E_{pa}、E_{pc}、I_{pa}、I_{pc} 可以判断电化学反应的稳定性和可逆性。

（1）可逆电极反应　通常用阳极峰电位（E_{pa}）和阴极峰电位（E_{pc}）的差值 ΔE_p 来判断电极反应是否为 Nernst 反应，即衡量电极反应的可逆性。对于产物稳定的可逆体系，循环伏安曲线参数具有下述重要特征。

① $|i_{pa}| = |i_{pc}|$，即 $\left|\dfrac{i_{pa}}{i_{pc}}\right| = 1$，并且与扫速、扩散系数等参数无关；

② $|\Delta E_p| = E_{pa} - E_{pc} \approx \dfrac{2.3RT}{nF}$ 或 $|\Delta E_p|\,(\mathrm{mV}) = E_{pa} - E_{pc} \approx \dfrac{59}{n}$（25℃），$|\Delta E_p|$ 为常数并不随扫速变化。

（2）准可逆电极反应　大部分电极反应都属于可逆反应与非可逆反应之间的准可逆反应，准可逆体系循环伏安曲线具有以下特点。

① E_p 随扫速变化而变化；

② 低扫速下，$\Delta E/\mathrm{mV} \approx \dfrac{60}{n}$，随扫速增加而增加；

③ 随扫速增加，其反应越来越接近不可逆。

（3）不可逆电极反应　当电极反应不可逆时，氧化峰与还原峰的峰值电位差值较大。不可逆体系循环伏安曲线两组测量参数的特征为：

① $|i_{pa}| \neq |i_{pc}|$；

② 扫速增加 10 倍，E_{pc} 向负电位移动 $30/\alpha n\,(\mathrm{mV})$。

仪器和试剂

CHI 电化学工作站	三电极电解池
镍电极（直径为 0.5cm 的圆盘电极）	铂电极
饱和硫酸亚汞电极	1800# 金相砂纸
H_2SO_4（分析纯）	KCl（分析纯）
抛光粉	蒸馏水

实验步骤

1. 溶液配制

$0.1\mathrm{mol \cdot L^{-1}}\,H_2SO_4$；$0.1\mathrm{mol \cdot L^{-1}}\,H_2SO_4 + 0.01\mathrm{mol \cdot L^{-1}}\,KCl$；

$0.1\mathrm{mol \cdot L^{-1}}\,H_2SO_4 + 0.1\mathrm{mol \cdot L^{-1}}\,KCl$。

2. 钝化曲线的测定

（1）接通仪器和计算机的电源，预热 10min。

（2）研究电极依次用 1.0、0.3、0.05 μm 的氧化铝浆液抛光成镜面，用二次蒸馏水淋洗干净，再用丙酮淋洗，用氮气吹干后，将其放入装有 $0.1\mathrm{mol \cdot L^{-1}}\,H_2SO_4$ 溶液的电解池中，分别安装辅助电极和参比电极，并按图 3-6 接好测量线路（红色夹子接辅助电极；绿色接研究电极；白色接参比电极）。

（3）通过计算机使 CHI 仪器进入 windows 工作界面；在工具栏里选中"Control"，此时屏幕上显示一系列命令的菜单，选中"Open Circuit Potential"，数秒钟后屏幕上即显示开路电位值(镍工作电极相对于参比电极的电位)，记下该数值；在工具栏里选中"T"(实验技术)，此时屏幕上显示一系列实验技术的菜单，再选中"Linear Sweep Voltammetry(线性电位扫描法)"，然后在工具栏里选中"参数设定"(在"T"的右边)此时屏幕上显示一系列需设定参数的对话框：

初始电位(Init E)：设为比先前所测得的开路电位负0.1V。

终止电位(Final E)：设为1.4V；

扫描速率(Scan Rate)：定为0.01V/s；

采样间隔(Sample Interval)：0.001V；

初始电位下的极化时间(Quiet Time)：设为300 s；

电流灵敏度(Sensitivity)：设为0.01A。

至此参数已设定完毕，点击"OK"键；然后点击工具栏中的运行键，此时仪器开始运行，屏幕上即时显示当时的工作状况和电流对电位的曲线。扫描结束后点击工具栏中的"Graphics"，再点击"Graph Option"，在对话框中分别填上电极面积和所用的参比电极及必要的注解，然后在"Graph Option"中点击"Preasent Data Plot"显示完整的实验结果。对实验结果命名保存。

3. 循环伏安曲线的测定

钝化曲线测定结束后，在0.1mol·L^{-1} H_2SO_4溶液中对镍进行阴极极化处理，然后测定循环伏安曲线。

(1) 执行Setup菜单中的Techinique命令，选择循环伏安法(Cyclic Voltammetry，见图3-11)。

图3-11 工作站测试方法选择

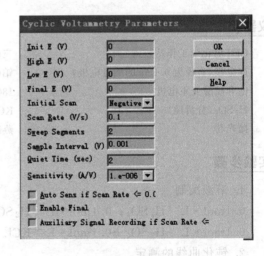

图3-12 工作站测试参数选择

(2)接着执行Setup菜单中的Parameters命令来设定实验参数(见图3-12)：

初始电位(Init E)：-0.3mV；

电位范围(High E)：-0.3mV；Low E：0.6mV；

终止电位(Final E)：0.6mV；

扫描极性(Initial Scan)：正扫；

扫描速率(Scan Rate)：0.1V/s；

扫描圈数(Sweep Segments)：2；

取样间隔(Sample Interval)：0.001V；

初始电位下的极化时间(Quiet Time)：300s；

灵敏度(Sensitivity)：1×10^{-6} A/V。

参数设定完成后，执行 Control 菜单中的 Run Experiment 命令运行实验。实验结束后，执行 File 菜单中的 Save As 命令存储实验数据。文件总是以二进制(Binary)的格式储存，用户需要输入文件名，但不必加 .bin 的文件类型。

4. 浓度对镍在含 Cl^- 硫酸溶液中的钝化行为

重复步骤 2.(3)分别测定镍在 $1mol \cdot L^{-1} H_2SO_4 + 0.01mol \cdot L^{-1} KCl$ 和 $0.1mol \cdot L^{-1} H_2SO_4 + 0.1mol \cdot L^{-1} KCl$ 溶液中的钝化曲线(注意：若溶液中 KCl 浓度$\geqslant 0.02mol \cdot L^{-1}$，电流大于 10mA，即电流溢出 y 轴时应及时停止实验，以免损伤工作电极)，此时只需点击工具栏中的停止键"■"即可。

数据处理

1. 分别在钝化曲线上找出 $E_{钝}$、$I_{钝}$ 以及钝化区间，并将数据列表。

2. 将三条钝化曲线迭加在一张图中，然后打印。

3. 在循环伏安曲线上读取 E_{pa}、E_{pc}、I_{pa}、I_{pc} 值(将相关数据列于表 3-2)，判断电极反应的可逆性。

表 3-2　实验数据记录表

溶液组成	开路电位/V	初始电位/V	钝化电位/V	钝化电流/A	稳定钝化区间(CD)/V	稳定钝化电流/mA
$0.1mol \cdot L^{-1} H_2SO_4$						
$0.1mol \cdot L^{-1} H_2SO_4 + 0.01mol \cdot L^{-1} KCl$						
$0.1mol \cdot L^{-1} H_2SO_4 + 0.1mol \cdot L^{-1} KCl$						

思考题

1. 比较三条钝化曲线，并讨论所得实验结果及曲线的意义。

2. 分析镍电极在循环伏安过程中所发生的氧化还原反应。

参考文献

[1] Uhlig H H, Revie R W. Corrosion and Corrosion Control. 3th edn. 1985：60.

[2] 复旦大学化学系物理化学教学组. 物理化学下册. 北京：人民教育出版社，1978：379.

[3] 查全性，等. 电极过程动力学导论. 第2版. 北京：科学出版社，1987：450.

注意事项

1. 按照实验要求，严格进行电极处理。

2. 考察 Cl^- 对镍阳极钝化的影响时，测试方法和测试条件等应保持一致。

3. 每次测量前工作电极必须用金相砂纸打磨并清洗干净。

实验十五

氨基甲酸铵分解反应平衡常数的测定

实验目的

1. 测定氨基甲酸铵的分解压力，求分解反应的平衡常数和有关热力学函数的变化值。
2. 了解温度对反应平衡常数的影响。
3. 掌握用等压计测定静态平衡压力的方法。

实验原理

氨基甲酸铵（白色不稳定固体）是合成尿素的中间产物，很不稳定，受热易分解，其分解反应为

$$NH_2COONH_4 \,(s) \Longleftrightarrow 2NH_3 \,(g) + CO_2 \,(g)$$

该反应是可逆的多相反应，若不将分解产物从体系中移走，则很容易达到平衡。在压力不太大时，气体的逸度近似为 1，纯固态物质的活度为 1，气体可看成理想气体，则分解反应的标准平衡常数 $K_p^{\ominus}$ 为

$$K_p^{\ominus} = \left(\frac{p_{NH_3}}{p^0}\right)^2 \cdot \left(\frac{p_{CO_2}}{p^0}\right) \tag{3-7}$$

式中，p_{NH_3}、p_{CO_2} 分别为 NH_3、CO_2 在实验温度下的平衡分压；$p^{\ominus} = 101.325 \ kPa$。设分解反应系统的总压力为 $p_{总}$（注：$p_{总} = p_{分解压} = p_{大气压} - p_{体系压力}$），因固体氨基甲酸铵的蒸气压力可忽略，故体系的总压为：

$$p_{总} = p_{NH_3} + p_{CO_2}$$

从氨基甲酸铵分解反应式可知：$p_{NH_3} = \dfrac{2}{3} p_{总}$；$p_{CO_2} = \dfrac{1}{3} p_{总}$

代入式（3-7）得：

$$K_p^{\ominus} = \left(\frac{2}{3} \times \frac{p_{总}}{p^{\ominus}}\right)^2 \times \left(\frac{1}{3} \times \frac{p_{总}}{p^{\ominus}}\right) = \frac{4}{27} \times \left(\frac{p_{总}}{p^0}\right)^3 \tag{3-8}$$

可见，当体系达到平衡后，只要测量其平衡总压，便可求得实验温度下的标准平衡常数 $K_p^{\ominus}$。

由范特霍夫（Van't Hoff）等压方程式可知温度与平衡常数的关系为

$$\frac{d\ln K_p^{\ominus}}{dT} = \frac{\Delta_r H_m^{\ominus}}{RT^2} \tag{3-9}$$

式中，$\Delta_r H_m^{\ominus}$ 为氨基甲酸铵分解反应的标准摩尔焓变；T 为热力学温度；R 为摩尔气体常数，$8.314 J \cdot K^{-1} \cdot mol^{-1}$。若温度变化范围不大，$\Delta_r H_m^{\ominus}$ 可视为常数。将式（3-9）做不定积分，得：

$$\ln K_p^{\ominus} = -\frac{\Delta_r H_m^{\ominus}}{RT} + C \tag{3-10}$$

以 $\ln K_p^{\ominus}$ 对 $\frac{1}{T}$ 作图得到一直线，其斜率为 $-\dfrac{\Delta_r H_m^{\ominus}}{R}$，由此可求得 $\Delta_r H_m^{\ominus}$。

由某温度下的标准平衡常数 $K_p^{\ominus}$，可以求算该温度下的标准摩尔反应吉布斯函数的变化值 $\Delta_r G_m^{\ominus}$。

$$\Delta_r G_m^{\ominus} = -RT\ln K_p^{\ominus} \tag{3-11}$$

利用实验温度范围内分解反应的平均等压热效应 $\Delta_r H_m^{\ominus}$ 和某温度下的标准摩尔吉布斯自由能变化 $\Delta_r G_m^{\ominus}$，可近似地算出该温度下的标准摩尔熵变 $\Delta_r S_m^{\ominus}$。

$$\Delta_r S_m^{\ominus} = \frac{\Delta_r H_m^{\ominus} - \Delta_r G_m^{\ominus}}{T} \tag{3-12}$$

仪器和试剂

真空装置1套　　　　　　等压计
储气罐　　　　　　　　　恒温槽
样品管　　　　　　　　　三通真空活塞
数字式真空压力计
硅油　　　　　　　　　　氨基甲酸铵(自制)

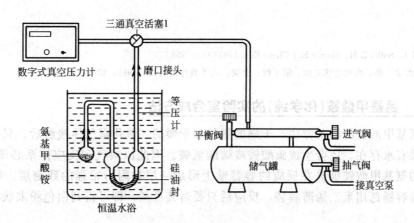

图 3-13　实验装置图

实验步骤

1. 实验装置如图 3-13，调节恒温水浴温度为 35.00℃，开动搅拌，打开数字式压力计，记录大气压和室温(实验前后都要记录，数据处理时取平均值)。

2. 抽真空

关闭进气阀，打开抽气阀和平衡阀，开启真空泵，抽气至精密数字压力计读数约为 90kPa，关闭抽气阀和真空泵，继续抽气 10min 后，关闭平衡阀，然后慢慢打开进气阀，至油封液面齐平后，关闭进气阀。由于反应并未达到平衡，所以油封液面再次出现落差，故需要反复调节进气阀，直到油封液面齐平并保持 10min 不变时，可确认反应已达到平衡，记

113

录分解压力和反应温度。

3. 升温至 35.50℃，再调节封闭液齐平，5min 不变时可记录分解压力，间隔 1min 后，再读 1 次分解压力。

4. 按步骤 3 的操作，依次测出 36.00、36.50、37.00℃时的分解压力。

5. 测量完毕，打开平衡阀和进气阀，使体系与大气相通。

数据处理

1. 设计合理的表格将数据列入表中。

2. 以 $\ln K_p^0$ 对 $\frac{1}{T}$ 作图，计算氨基甲酸铵分解反应的等压反应热效应 $\Delta_r H_m^{\ominus}$。

3. 计算 35.00℃时氨基甲酸铵分解反应的标准摩尔吉布斯自由能变化 $\Delta_r G_m^{\ominus}$ 和标准摩尔熵变 $\Delta_r S_m^{\ominus}$。

思考题

1. 如何检测本实验测量装置是否漏气。

2. 当空气缓慢进入系统时，如放入的空气过多，将有什么现象出现，怎样克服？

3. 实验前为什么要抽净系统中的空气？若空气没有抽净对测量结果（压力、平衡常数）有何影响？

4. 实验中对等压计中所用的油封液体有何要求？

参考文献

[1] Joncich M J，Solka B H，Bower E. J Chem Edu. 1967(44)：598.

[2] 东北师范大学，等. 物理化学实验. 第 2 版. 北京：高等教育出版社，1989：126.

附录 15.1 氨基甲酸铵(化学纯)的实验室合成方法

（1）氨基甲酸铵的制备方法 干燥的氨气和干燥的二氧化碳气体接触后，只生成氨基甲酸铵。如果有水存在，还会生成碳酸铵或碳酸氢铵。因此原料气和反应体系必须事先干燥。此外生成的氨基甲酸铵极易在反应的容器壁上形成一层黏附力很强的致密层，很难将其剥离，故反应容器选用聚乙烯薄膜袋，反应后只要对其揉搓，即可得到白色粉末状的氨基甲酸铵产品。

（2）操作步骤 先开启 CO_2 钢瓶，控制 CO_2 流量不要太大，在浓硫酸洗气瓶中可看到正常鼓泡；然后开启 NH_3 钢瓶，使流量比 CO_2 大一倍，可从液体石蜡鼓泡瓶中的气泡估计其流量。如果 CO_2 和 NH_3 的配比适当，反应又很完全（从反应器表面能感到温热），可由尾气鼓泡瓶看出此时尾气的流量接近于零。通气约 1h，能得到 200～400g 白色粉末状氨基甲酸铵产品，装瓶备用。

附录 15.2 分解反应平衡常数的测定实验数据的计算机处理方法

打开 Excel 软件，在 A2 处录入大气压值 p（如表 3-3 所示），在 B 列录入反应温度 t 值。在 C2 编辑公式 $t+273.15$，即"B2+273.15"，将反应温度转换为开氏温度。在 D2 编辑公式 $1/T$，即"1/C2"，得到开氏温度的倒数。在 E 列录入不同反应温度下压力计上显示的压

强值 $p_{仪}$，在 F2 编辑公式 $p+p_{仪}$，即"A2＋E2"，得到反应体系中的总压强 $p_{总}$。在 G2 编辑公式 $\dfrac{4\times p_{总}^3}{27}$，即"4 * (F2^3)/27"，求得 K_p 值。在 H2 编辑公式 $\dfrac{K_p}{101.325^3}$，即"G2/(101.325^3)"，求出 $K_p^{\ominus}$ 值。在 I2 编辑公式 Ln(H)，即可求出 $\ln K_p^{\ominus}$。

表 3-3 数据录入与处理

	A	B	C	D	E	F	G	H	I
1	P/KPa	T/℃	T/K	1/T	P仪/KPa	P总/KPa	Kp	K_p^⊖	ln K_p^⊖
2	100.36	35.0	308.15	0.003245173	−76.33	24.03	2055.7	0.0019761	−6.2266
3		35.5	308.65	0.003239916	−75.58	24.78	2254.2	0.0021670	−6.1344
4		36.0	309.15	0.003234676	−74.65	25.71	2517.7	0.0024202	−6.0239
5		36.5	309.65	0.003229453	−73.74	26.62	2794.6	0.0026864	−5.9196
6		37.5	310.65	0.003219057	−71.86	28.50	3429.5	0.0032967	−5.7148

以 $\ln K_p^{\ominus}$（I 列）为纵坐标，以 $\dfrac{1}{T}$（D 列）为横坐标作图，得到图 3-14。将直线斜率 k 填在工作表的 J2，在 K2 编辑公式"J2 * (−8.314)"，求出 $\Delta_r H_m^{\ominus}$ 值。在 L2 编辑公式"−8.314 * C2 * I2"，求出 $\Delta_r G_m^{\ominus}$ 值。在 M2 列编辑公式 $(\Delta_r H_m^{\ominus}-\Delta_r G_m^{\ominus})/T$，即"(K2−L2)/C2"，求出 $\Delta_r S_m^{\ominus}$ 值。

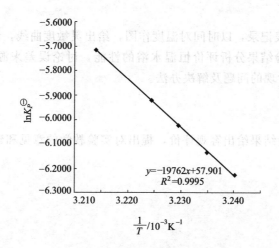

图 3-14 $\ln K_p$ 和 $1/T$ 的关系曲线

实验十六
恒温水浴性能的测试

实验目的

1. 掌握恒温水浴的构造及其控温原理。
2. 测绘恒温水浴的灵敏度曲线。
3. 掌握恒温水浴的正确使用方法。

实验原理

课前要认真查阅文献资料，具体阐述以下问题。

1. 恒温水浴有什么用途？恒温水浴有哪些类型？
2. 说明恒温水浴的构造和工作原理。
3. 恒温水浴的灵敏度如何表示？
4. 影响恒温水浴灵敏度的因素有哪些？
5. 如何评价恒温水浴性能？

设计测试恒温水浴性能的实验方案

1. 提出所需的实验仪器（注意根据恒温水浴的性能介绍选用合适的温度计）。
2. 设计具体的实验步骤。
3. 设计数据记录表。
4. 说明数据处理方法。
5. 阐明注意事项。
6. 列出参考文献。

结果与讨论

1. 将实验数据列表记录，以时间对温度作图，给出灵敏度曲线，计算所测试的灵敏度。
2. 讨论：根据实验结果分析评价恒温水浴的性能，讨论误差来源，阐述实验成功的关键环节，讨论实验中发现的问题及解决办法。

结论

对设计方案及实验结果给出客观评价，提出对实验教学的意见和建议。

第4章 创新实验

实验十七

碱性磷酸酶催化反应动力学常数的测定

实验目的

1. 了解生物酶的结构与性能。
2. 用光度法测定碱性磷酸酶的米氏常数和最大反应速率。
3. 了解酶催化动力学的研究方法。

基本原理

酶是存在于生物体内的一些具有专一性和高催化活性的蛋白质，它贯穿于生命活动的全过程，生命系统中的各种生物化学反应绝大多数都是在酶催化下完成的。酶是生物大分子，酶反应体系和一般化学反应体系相比要复杂得多。影响酶催化反应速率的因素有浓度因素（酶浓度、底物浓度）、底物数目与结构、产物、抑制剂、激活剂、酶的结构与性质及环境条件（温度、pH、离子强度、压力）等。浓度因素是最基本的影响因素，从浓度因素的有关实验求出速率常数，进一步考虑各种影响因素的相互关系，这是酶反应动力学的主要内容。

碱性磷酸酶（Alkaline phosphates，ALP）是一种磷酸单酯水解酶，它的显著特点是最适pH范围宽，一般为8～10，底物相对专一性较广，能催化水解酚及一级与二级醇的磷酸单酯。ALP广泛存在于动物各脏器、微生物中，能在体外催化多种磷酸单酯类化合物的水解，得到相应的醇。ALP广泛应用于临床检验、酶联免疫分析、生物传感技术、食品分析以及环境监测等领域。

对硝基苯酚磷酸酯在碱性磷酸酶催化作用下的水解反应是双底物反应，但由于水的浓度可看作是恒定的常数，该水解反应可作为单底物反应处理。其反应方程式为：

该反应可简单表示为：

$$\text{pNPP} + \text{ALP} \underset{k_{-1}}{\overset{k_1}{\rightleftharpoons}} (\text{pNPP})(\text{ALP}) \overset{k_2}{\longrightarrow} \text{NP} + \text{HPO}_4^{2-} + \text{ALP}$$

反应中首先生成酶和底物中间化合物［(pNPP)(ALP)］（用 Cpd 表示），然后 Cpd 分解生成产物对硝基苯酚、磷酸氢根，同时释放出碱性磷酸酶。其反应初速率（γ）可表示为：

$$\gamma = \frac{\mathrm{d}[\text{NP}]}{\mathrm{d}t} = k_2[\text{Cpd}] \tag{4-1}$$

用稳态处理，得

$$\frac{d[\text{Cpd}]}{dt} = k_1([\text{ALP}]_0 - [\text{Cpd}])([\text{pNPP}] - [\text{Cpd}]) - k_{-1}[\text{Cpd}] - k_2[\text{Cpd}] \tag{4-2}$$

当反应达到平衡时，

$$k_1([\text{ALP}]_0 - [\text{Cpd}])([\text{pNPP}] - [\text{Cpd}]) - k_{-1}[\text{Cpd}] - k_2[\text{Cpd}] = 0 \tag{4-3}$$

在反应体系中，$[\text{ALP}]_0 = [\text{ALP}] + [\text{Cpd}]$

假设 $[\text{pNPP}] \gg [\text{ALP}]$，则 $[\text{pNPP}] - [\text{Cpd}] \approx [\text{pNPP}]$

故有

$$k_1([\text{ALP}]_0 - [\text{Cpd}])[\text{pNPP}] - k_{-1}[\text{Cpd}] - k_2[\text{Cpd}] = 0 \tag{4-4}$$

$$[\text{Cpd}] = \frac{[\text{ALP}]_0[\text{pNPP}]}{\dfrac{k_{-1} + k_2}{k_1} + [\text{pNPP}]} \tag{4-5}$$

将其代入式(4-1)，得：

$$\gamma = \frac{k_2[\text{ALP}]_0[\text{pNPP}]}{\dfrac{k_{-1} + k_2}{k_1} + [\text{pNPP}]} \tag{4-6}$$

令 $K_m = \dfrac{k_{-1} + k_2}{k_1}$，$K_m$ 称为米氏常数。且当 $[\text{pNPP}]$ 很高时，ALP 被 pNPP 所饱和，即所有的 ALP 都以中间复合物 Cpd 形式存在，γ 趋于最大值 γ_{max}，则

$$\gamma_{max} = k_2[\text{ALP}]_0 \tag{4-7}$$

由此可以得到该反应的米氏方程为：

$$\gamma = \frac{\gamma_{max}[\text{pNPP}]}{K_m + [\text{pNPP}]} \tag{4-8}$$

当 $[\text{pNPP}] \gg K_m$ 时，$K_m + [\text{pNPP}] \approx [\text{pNPP}]$，则 $\gamma = \gamma_{max} = k_2[\text{ALP}]_0$

对式(4-8)两边同时取倒数，得：$\dfrac{1}{\gamma} = \dfrac{K_m}{\gamma_{max}[\text{pNPP}]} + \dfrac{1}{\gamma_{max}} \tag{4-9}$

由朗伯-比尔定律得： $A = a\,d[\text{NP}] \tag{4-10}$

式中，A 为产物的吸光度；a 为消光系数；d 为样品池厚度。

当 $d = 1\text{cm}$ 时，$A = a[\text{NP}]$，即 $[\text{NP}] = \dfrac{A}{a}$

所以

$$\frac{d[\text{NP}]}{dt} = \frac{1}{a}\left(\frac{dA}{dt}\right) \tag{4-11}$$

即

$$\gamma = \frac{d[\text{NP}]}{dt} = \frac{1}{a}\left(\frac{dA}{dt}\right) \tag{4-12}$$

以吸光度 A 对时间 t 作图得直线，直线的斜率为 $\dfrac{dA}{dt}$，$\dfrac{dA}{dt}$ 与反应速率 $\dfrac{d[\text{NP}]}{dt}$ 成正比，其比例系数为 $1/a$。配制系列浓度的 NP 溶液并测出系列 A 值，根据式(4-10)可计算出 a 值，进而得到一定浓度 pNPP 下的反应速率 γ。测定不同浓度 pNPP 条件下的反应速率 γ，并根据式(4-9)以 $\dfrac{1}{\gamma}$ 对 $\dfrac{1}{[\text{pNPP}]}$ 作图，根据所得直线的截距得到最大反应速率 γ_{max}，通过直线的斜率得到该酶催化反应的米氏常数 K_m。

仪器和试剂

LAMBDA-35 紫外分光光度计 1 台　　　PHS—3C 精密酸度计 1 台

分析天平 1 台

三(羟甲基)氨基甲烷(分析纯)　　　对硝基苯酚磷酸酯(分析纯)

对硝基苯酚(分析纯)　　　小牛肠碱性磷酸酶(Alkaline phosphates，ALP，EC3.1.3.1)

实验步骤

1. 最适反应条件

光度法的最大吸收波长选择为 405nm，最佳酸度为 pH 10.2，反应温度选择为 25℃。

2. 消光系数 a 的测定

称取 25g 三(羟甲基)氨基甲烷[(HOCH$_2$)$_3$CNH$_2$]，用超纯水定容至 1000mL，即为 0.2mol/L Tris 溶液。准确移取 8.34mL 12mol/L 浓盐酸，用二次水定容至 1000mL，即为 0.1mol/L HCl 溶液。用酸度计测定 0.2mol/L Tris 溶液的 pH 值，滴加一定量的 0.1mol/L HCl 溶液，配制 pH 10.2 的 Tris-HCl 缓冲溶液。

准确称取 0.0348g 对硝基苯酚，用 pH=10.2 的 Tris-HCl 缓冲溶液定容至 50mL，得 5mmol/L 对硝基苯酚溶液。取 0.050mL 对硝基苯酚溶液，用 Tris-HCl 缓冲溶液定容至 5mL，混合均匀，加入比色皿中，以 Tris-HCl 缓冲溶液为参比溶液，在 405 nm 处测定溶液的吸光度。

3. 动力学常数的测定

开启分光光度计预热。用 pH 10.2 的 Tris-HCl 缓冲溶液配制浓度分别为 0.01、0.05、0.10、0.20、0.30、0.4mmol/L 的 pNPP 溶液，准确移取 5mL 0.01mmol/L pNPP 溶液于小烧杯中，加入 100μL 2 U/mL ALP，摇匀后迅速加入比色皿中。从加入 ALP 开始计时，1min 时开启分光光度计的时间驱动程序(时间间隔设为 1min)，记录 405nm 处 A 随 t 的变化，10min 后停止测试，将数据文件命名存档。按同样方法分别对其他 5 种溶液进行测定。

数据处理

1. 根据朗伯-比尔定律计算消光系数 a。

2. 将所测得的不同浓度 pNPP 溶液的 A 随 t 变化值列入 Excel 表格中，并分别以 A 对 t 作图，其直线斜率为 $\dfrac{\mathrm{d}A}{\mathrm{d}t}$，由 $\dfrac{1}{a}\left(\dfrac{\mathrm{d}A}{\mathrm{d}t}\right)$ 计算测出不同浓度 pNPP 溶液时的反应初速率 γ。

3. 以 $\dfrac{1}{\gamma}$ 对 $\dfrac{1}{[\mathrm{pNPP}]}$ 作图，根据直线的截距和斜率计算 $\gamma_{\max}$ 和 K_m。

思考题

1. 酶催化反应与一般催化反应相比有何特点？

2. 研究酶催化动力学对绿色化学发展有什么重要意义？

3. 酶催化反应为什么需要在最适温度和最适 pH 下进行？

参考文献

[1] 袁勤生. 现代酶学. 上海：华东理工大学出版社，2001：9.

[2] 冯春梁，李红丹，张振彦，等．催化动力学光度法测定碱性磷酸酶的理论分析与条件优化．辽宁师范大学学报：自然科学版，2003，32(2)：195-198.

[3] 傅献彩，沈文霞，姚天扬．物理化学．第 3 版．北京：高等教育出版社，2004.

实验十八

稀土金属直接加氢制备纳米稀土金属氢化物

实验目的

1. 熟悉催化加氢方法。
2. 了解稀土金属加氢反应的反应原理。
3. 了解纳米稀土金属氢化物表征方法。

基本原理

纳米稀土氢化物可用于催化剂、储氢材料、磁材料，并可作为反应物合成稀土氧化物、稀土氮化物和合成氨。纳米稀土金属氢化物可通过如下方法合成：氢等离子体与金属反应；高温高氢压下，氢气与金属反应；先将金属高温活化，然后室温下金属与氢气反应；在较高温度下水蒸气与金属反应；在温和条件下，催化金属与氢气反应。本实验利用卤代烃为催化剂，在 40℃和 0.1 MPa H_2 下，稀土金属直接加氢合成金属氢化物：

$$x M（稀土金属）+\frac{y}{2}H_2 \xrightarrow{\quad\quad} M_x H_y（金属氢化物）$$

合成的稀土金属氢化物结构利用 TEM、XRD 和 BET 表征。

仪器和试剂

无水无氧装置	1 套	反应器	1 套
量气管	1 个	磁力搅拌器	1 台
缓冲瓶	1 个	四氢呋喃	分析纯
真空泵	1 套	镧系金属(La,Dy,Yb)	分析纯
氢气发生器	1 台	C_2H_5I	分析纯
恒温水浴	1 套	高纯氩	

实验步骤

1. 溶剂纯化

将一定量经 550℃焙烧干燥的 5A 分子筛放入四氢呋喃中，浸泡 24h，初步脱水。然后在金属钠和苯甲酮溶液中回流至溶液为深蓝色，蒸出四氢呋喃备用。

2. 气体纯化

氢气和氩气经过 5A 分子筛脱水，220℃铜柱脱氧后使用。

3. 合成纳米稀土金属氢化物

以金属镧为例，取 3.5g 金属镧(纯度大于 99.95%)，并将其分割为小块状(20～30 目)。

将干燥的反应瓶抽真空，再充入氩气，反复 3 次。在氩气保护下，加入块状金属镧。并利用氩气，吹扫金属镧 10min。将反应瓶与恒压氢气量气管相联后，依次注入 15mL 四氢呋喃，0.03mL 溴代乙烷。油浴加热，反应温度 40℃，磁力搅拌。氢气压力 0.1MPa，吸氢停止后，认为反应结束。

4. 纯化纳米稀土金属氢化物

将合成液转移到离心瓶中，离心后，倾倒出液体。用四氢呋喃洗涤固体 3 次，将所得固体 80℃真空干燥 1h 后，得到产品。

5. 采用 BET 方法测量该固体比表面积，XRD 测量晶格结构，TEM 测量纳米粒子大小及分布。

数据处理

1. 做出吸氢量随时间变化的动力学曲线图。
2. 利用吸氢量计算纳米稀土金属氢化物的计量式。
3. 利用 BET、XRD 和 TEM 测量的数据，给出纳米稀土金属氢化物结构。

思考题

1. 该实验成败的关键是什么？
2. 为什么纳米稀土金属氢化物的计量式不是整数 3，即不是 MH_3。

参考文献

[1] Fan Y H，Li W N，Zou Y L，et al. Chemical reactivity stability of nanometric alkali metal hydrides. Journal of Nanoparticle Research，2006(8)：935-942.

[2] Imamura H，Maeda Y，Kumai T，et al. Preparation and Catalytic Properties of Europium and Ytterbium Hydrides Using Liquid Ammonia Solutions of Lanthanide Metals. Catalysis Letters，2003，88：69-72.

[3] Liu T，Zhang Y H，Li X G. Preparation of Sm3H7 nanoparticles and their application in ammonia synthesis. Materials Chemistry and Physics，2006 97：398-401.

[4] Gudrun A. Hochdrucksynthese und Kristallstruktur von YbH2，67. Zeitschrift für anorganische und allgemeine Chemie，2002，628(7)：1615-1618.

实验十九
低温等离子体直接分解 NO

实验目的

1. 了解物质的第四态——等离子体的概念及存在形式。
2. 掌握等离子体直接分解 NO 方法。

实验原理

等离子体是物质的第四态，它是气体分子受电场、辐射和热等外加能量影响而激发、解离和电离形成的包含电子、离子、原子、激发态物种和自由基等的集合体，因其正负电荷总量大致相等而被称为等离子体。等离子体依产生方式、电离度等有不同分类方式,若根据等离子体的粒子温度,其可分为高温等离子体、热等离子体和冷等离子体(后两者又统称为低温等离子体)等。一般等离子体化学合成及大气污染物消除涉及的是冷等离子体。冷等离子体的电子温度可达 $10^4 \sim 10^5\,K$(一至数十电子伏),而气体温度(即中性粒子和离子温度)却可低到数百度甚至室温。冷等离子体的这种非平衡性意义重大:一方面,电子具有足够高的能量,通过碰撞使气体分子激发、解离和电离;另一方面,整个等离子体体系可以保持低温,从而实现化学反应和能量的有效利用。最常用的等离子体产生方式是气体放电,按放电气压可分为低气压($10^{-3} \sim 10\mathrm{Torr}$[❶])放电和高气压(数十 Torr,大气压或更高)放电两类。直流、射频和微波等放电方式均可用于在低气压下产生空间均匀的辉光放电,但不适用于空气中污染物的处理。高气压放电主要有电晕放电和介质阻挡放电两种方式。电晕放电可利用曲率半径差异很大的非对称电极在常压下产生等离子体,但难以获得大体积均匀的等离子体。两电极间存在绝缘介质阻挡放电,则可在常压下产生空间分布相对均匀的冷等离子体,且已成功应用于臭氧的生产达半世纪之久。介质阻挡放电也是目前在空气污染物的等离子体脱除中研究得最多的一种放电方式。本实验采用介质阻挡放电直接分解 NO 气体。

仪器和试剂

气相色谱	1台	氢气发生器	1台
等离子体电源	1台	气体流量控制仪	1套
放电反应器	1套	NO 气体	高纯
控温仪	1套	高纯氮	高纯

实验步骤

1. 安装反应器

实验用反应器分别为 A、B、C 和 D 四种类型,其中 A、B、C 为"一段式"反应器;D 为"两段式"反应器。具体为,反应器 A:内径 15mm,厚 2mm 的刚玉管,其中心为一直径 2mm 的不锈钢管,与交流高压电源输出端相连。管外紧密缠绕以不锈钢网(不锈钢网长度控制放电空间大小),与交流高压电源的接地端相连。反应器 B:内径 10mm,厚 1mm 的石英管,放电电极部分同上述刚玉管。反应器 C:内径 8mm,厚 1mm 的石英管,放电电极部分同上述刚玉管。反应器 D:内径 10mm,厚 1mm 的石英管,将放电部分与催化剂分开,两部分相距 10mm,在电炉中可同时被加热到相同温度。一段放电反应部分添加无催化活性及表面积很小的石英砂作为空白。

2. 测温装置调试

反应器用电炉加热,反应温度的测量采用如下方法:一个测温热电偶插入反应器中心不锈钢管中,置于催化剂床层高度中点,另一个测温热电偶紧靠反应器外壁放置,高度与里面的热电偶一致。未放电时,反应气流使中心热电偶指示的温度低于外面热电偶指示的温度,当施加介质阻挡放电时,中心热电偶指示的温度略有增加,将内外温度的平均值作为反应温度。

3. 等离子体直接分解 NO

---

❶ 1Torr=133.322Pa。

实验用气体为高纯(纯度＞99.99％)NO。将不同流速的NO气体通入反应器，控制一定温度，施加不同功率的等离子体，反应后气体利用气相色谱在线分析。用NO转化百分数评价脱除NO的活性，其定义为

$$NO\% = \frac{[NO]_0 - [NO]_{eq}}{[NO]_0}\%$$

数据处理

1. 计算不同实验条件下NO转化百分数。
2. 做出NO转化百分数随等离子体功率变化曲线图。
3. 做出NO转化百分数随气体流速变化曲线图。
4. 做出NO转化百分数随反应温度变化曲线图。

思考题

1. 等离子体分解NO效率受哪些因素影响？
2. 如何理解反应器的直径对等离子体分解NO的影响？

参考文献

[1] Gentile C，Kushner M J. Reaction chemistry and optimization of plasma remediation of N_xO_y from gas streams. J Appl. Phys，1995，78：2074-2085.

[2] Penetrante B M，Hsiao M C，Merritt B T，et al. Comparison of electrical discharge techniques for nonthermal plasma processing of NO in N_2. IEEE Trans. Plasma Sci，1995，23：679-687.

[3] Penetrante B M，Hsiao M C，Merritt B T，et al. Pulsed corona and dielectric barrier discharge processing of NO in N_2. Appl Phys Lett，1996，68：3719-3721.

[4] Urashima K，Chang J S，Ito T，Reduction of NO_x from combustion flue gases by superimposed barrier discharge plasma reactors. IEEE Trans Ind Applicat，1997，33：879-886.

[5] Fresnet F，Baravian G，Pasquiers S，et al. Time-resolved laser-induced fluorescence study of NO removal plasma technology in N_2/NO mixtures. J Phys D：Appl Phys，2000，33：1315-1322.

实验二十
常压顺-丁烯二酸催化氢化

实验目的

通过顺-丁烯二酸催化氢化，掌握常压液相催化氢化操作。

实验原理

有机化合物在催化剂存在下与氢的反应称为催化氢化。催化氢化可以使烯键、炔键直接加氢，也可以使许多不饱和官能团得到还原。其催化氢化机理被认为是氢和有机分子中的不饱和键首先被吸附在催化剂的表面上，氢和不饱和键被催化剂的活化中心活化形成中间产物，再进一步与活化了的氢作用生成饱和有机分子，从催化剂表面脱附。氢化用的催化剂种

类繁多，常用的有镍、铂和钯等催化剂。按氢化的方法不同，催化氢化又可分为常压液相催化氢化、加压液相催化氢化和气相催化氢化。

本实验是顺-丁烯二酸在 Adams 催化剂存在下，在常温下于乙醇溶剂中进行的常压液相催化氢化：

$$\begin{array}{c}\text{CHCOOH}\\\parallel\\\text{CHCOOH}\end{array}+\text{H}_2\xrightarrow[\text{乙醇}]{\text{Adams 催化剂}}\begin{array}{c}\text{CH}_2\text{COOH}\\\\\text{CH}_2\text{COOH}\end{array}$$

Adams 催化剂($PtO_2 \cdot H_2O$)是铂催化剂的一种，由氯铂酸与硝酸钠熔融分解制得。氧化铂在反应过程中首先吸收氢，迅速转变成活性铂。

催化剂的活性影响催化反应的速率，它可以用半氢化时间来量度。所谓半氢化时间是氢化过程进行到被反应物吸收的氢气量达到它全部氢化所需氢气量的一半时所用去的时间，它可以从吸收氢气的体积-时间图求得。

分子中所含不饱和键的数目可根据氢化时所消耗的氢气量计算得到。计算时应将实验条件下消耗的氢气体积换算成标准状态下的体积，再减去催化剂本身消耗的氢气体积。设氢化时温度为 T，大气压力为 p，吸收氢气的总体积为 V，t 时的氢气分压、水和乙醇的蒸气压分别为 p_H、p_W、p_E。

$$\frac{p_0V_0}{T_0}=\frac{p_HV}{T},p_H=p-p_W-p_E,\frac{101325\times V_0}{273}=\frac{(p-p_W-p_E)\times V}{273+t}$$

$$\therefore V_0=\frac{273\times(p-p_W-p_E)\times V}{101325\times(273+t)} \tag{4-13}$$

而催化剂消耗的氢气体积 V_c 为：

$$V_c/(\text{mL})=\frac{m_c\times 2}{M_c}\times 22.415 \tag{4-14}$$

式中，m_c 和 M_c 分别为催化剂的用量(mg)和摩尔质量。所以，反应物实际消耗的氢气体积 V_e 应为

$$V_e=V_0-V_c$$

故分子含双键数 n 为：

$$n=\frac{\text{反应物消耗的氢气摩尔数}}{\text{反应物的摩尔数}}=\frac{V_e}{22415}\times\frac{M}{m} \tag{4-15}$$

式中，M 和 m 为不饱和反应物的摩尔质量和称取的量。

仪器和试剂

常压催化氢化装置		氢气钢瓶		1只
磁力搅拌器	1台	瓷蒸发皿		1只
吸滤瓶(250mL)	1只	布氏漏斗(4cm)		1只
真空干燥器	1只	熔点测定仪		1台
薄膜旋转蒸发器	1台			
顺-丁烯二酸	C.P.	氯铂酸		C.P.
硝酸钠	C.P.	乙醇(95%)		C.P.

实验步骤

1. Adams 催化剂的制备

在瓷蒸发皿中加入 0.4g 氯铂酸用 4mL H_2O 溶解，再加入 4g 硝酸钠。反应混合物在搅拌下用小火缓缓加热蒸发至干，然后开大煤气灯，在不断搅动下约在 10min 内升温至 350～370℃，在这过程中，反应物先变稠发黏，而且发泡放出棕色的二氧化氮气体，并逐渐熔融成液体，再经 5min 左右温度升至 400℃ 左右，气体逸出量大大减少，再升温到 500～550℃，维持此温度 30min。冷却瓷蒸发皿到室温，加入少量蒸馏水溶解融块。棕色沉淀用蒸馏水倾析洗涤 2 次，然后抽气过滤，沉淀物用蒸馏水洗涤 6～7 次，抽干后置于真空干燥器中干燥备用。

2. 催化氢化操作

在氢化瓶中加入 100mg Adams 催化剂和 70mL 乙醇，再加入约 2.0000g 顺-丁烯二酸，加搅拌子，盖上通气瓶塞，置于磁力搅拌器上，如图 4-1 安装好仪器。

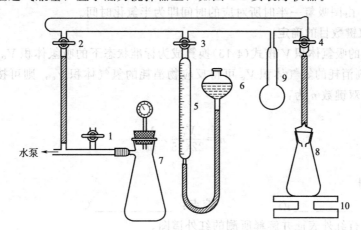

图 4-1　常压催化氢化装置图
1，3，4—活塞；2—三通活塞；5—量气管；6—水准瓶；
7—安全瓶；8—氢化瓶；9—阱；10—磁力搅拌器

(1) 排除量气管余气　打开活塞 1 和 3，转动三通活塞 2 使量气管 5 经安全瓶通大气，慢慢升高水准瓶 6 使量气管内液面上升，液面接近活塞 3 时立即将 3 关闭。然后放低水准瓶，置于架上。

(2) 抽空氢化系统并用充氢稀释法排除空气　关活塞 1，开活塞 4，然后用水泵抽空氢化瓶(真空度不宜过高，以免减少乙醇的挥发)。小心转动三通活塞 2 使氢气通入。充满氢气后再小心转动 2 使氢化瓶再次抽空。如此反复 2～3 次使系统中的空气排尽。最后通入氢气并打开 1，关水泵停止抽气。

(3) 量气管充气　打开三通活塞 2 使氢气进入，放低水准瓶位置，使氢气通入量气管。然后关 2，调整水准瓶的高度，使水准瓶内的液面和量气管中液面相平。记录量气管体积、室温和气压。

(4) 氢化　保持水准瓶的液面高于量气管的液面，开动搅拌，同时计时。每隔 1min 记录体积(读取量气管刻度时要使水准瓶和它的水面相平)，直至不再吸收氢气为止。关活塞 3 和 4，停止搅拌，取下氢化瓶，记录温度和大气压。

反应物经过滤,滤出催化剂(催化剂连同滤纸放入回收瓶中),滤液蒸去乙醇,得产物,产物经干燥后称重,测熔点和红外谱图。

数据处理

1. 半氢化时间的确定

(1)不同时间的吸氢体积

时间 t/min	1	2	3	4	5	6	7	8
量气管读数/mL								
吸氢体积/mL								

室温:_____,量气管起始读数:_____ mL

(2)半氢化时间的确定 以时间(min)为横坐标,吸氢体积(mL)为纵坐标作图得吸氢体积-时间关系图。由图吸氢一半时所对应的时间即为半氢化时间。

2. 分子中双键数目的确定

由实验测得的吸氢体积 V 按式(4-13)换算成为标准状态下的吸氢体积 V_o,再减去式(4-14)计算的催化剂消耗的氢气体积 V_c 可得反应物消耗的氢气体积 V_e,则可按式(4-15)计算反应物分子中的双键数 n 为:

$$n = \frac{V_e}{22415} \times \frac{M}{m}$$

3. 产物检测

产物量:_____ g;   熔点:_____ ℃

对产品的进行红外表征并解释所测的红外谱图。

思考题

试讨论影响催化氢化反应的因素。

参考文献

[1] 林斯台德,等. 有机化学近代技术。上海:上海科学技术出版社,1960.
[2] 霍宁. 有机合成. 北京:科学出版社,1981.

实验 二十一

水的二聚体的稳定结构及其氢键强度的预测

实验目的

1. 学会使用 ChemOffice 软件构建分子结构。
2. 学会使用 Gaussian03 程序进行分子结构优化和能量计算。

实验原理

氢键是一种重要的弱相互作用，通常氢键以 X—H…Y 表示，其中 X 和 Y 都是电负性较高的原子，如 F、O、N 等。在描述氢键相互作用大小的时候，人们习惯于将相互作用能定义为氢键键能。根据超分子方法，由分子 A 和分子 B 形成的氢键复合物 AB 的氢键强度可由下式计算：

$$E = E_{AB}(\vec{R}_A + \vec{R}_B) - E_A(\vec{R}_A) - E_B(\vec{R}_B)$$

式中，E_{AB} 是氢键复合物 AB 的能量；E_A 和 E_B 是分子 A 和分子 B 的能量；$\vec{R}_A$ 和 $\vec{R}_B$ 是复合物中分子 A 和分子 B 的坐标。

由两个水分子通过氢键作用形成氢键二聚体，可视为如下广义化学反应：

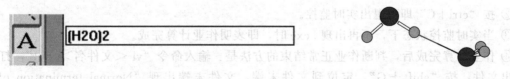

其氢键强度可视为该广义化学反应的反应热。通过理论计算，可以分别得到反应物和产物的能量，从而得到氢键强度。

仪器和软件

计算机，ChemOffice 软件，Gaussian03 程序。

实验步骤

1. 构建分子

(1) 双击打开 ChemOffice 软件中的 Chem3D，单击其文本工具 $\boxed{A}$ 按钮，将鼠标移至模型窗口，单击鼠标，出现文本输入框，在输入框中输入"(H2O)2"，如图 4-2，并按回车键。

(2) 通过轨迹球 ⊖ 将两个水结构摆放成如图 4-3 的结构。保存成笛卡尔坐标的形式。执行 file 菜单下的 save 命令，保存类型选择为 Gaussian Input(＊.GJF)形式，命名为 H2O-2。

图 4-2　利用文本工具建立模型　　　　　图 4-3　水的二聚体的初始结构

(3) 以同样的方式构建水的单体的初始结构。

2. 编写输入文件并提交作业

以记事本的方式打开文件 H2O-2. GJF，并按照图 4-4 的方式编写文件。

① 双击桌面上的 [SSH Secure Shell Client] 按钮，出现 SSH Secure Shell Client 界面。

图 4-4 H2O-2.GJC 文件

② 单击 Quick Connect 按钮，进入登录界面，再单击登录界面下的 Connect 按钮，输入密码，并单击 ok 按钮，进入到 SSH Secure Shell Client 的主界面。

③ 输入命令"cd homework"进入文件夹 homework。

④ 在文件夹 homework 中输入命令"vi H2O-2.dat"，并按回车键，创建名为 H2O-2 的输入文件，按 i 进入到插入模式。

⑤ 将已经编写好的 H2O-2.GJF 文件内容，全选，复制，粘贴到 SSH Secure Shell Client 界面，文件末尾空两行。

⑥ 按 Esc 键退出插入模式，并输入命令"：wq!"保存并退出。

⑦ 输入命令"g03<H2O-2.dat>H2O-2.out&"，并回车，作业提交完成。

⑧ 以同样的方式编写水单体结构优化的输入文件，并提交作业。输入文件命名为 H2O-1.dat，输出文件命名为 H2O-1.out。

3. 作业的实时监控与结果的筛选

（1）作业的实时监控

① 判断作业是否结束。输入命令"top"，即可进入到实时监控，如图 4-5。

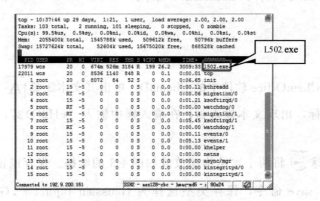

图 4-5 作业的实时监控

② 按"ctrl＋C"即可退出实时监控。

③ 当实时监控状态下，不再出现 .exe 时，即表明作业计算完成。

④ 作业计算完成后，判断作业正常结束的方法是：输入命令"vi <文件名>.out"，打开输出文件，按"shift＋G"，定位到文件末端，文件末端出现"Normal termination of Gaussian 03"字样时，表明作业正常结束。

（2）结果的筛选

作业计算完成后，我们要判断优化好的结构是不是稳定的几何构型。稳定的几何构型通常需满足两点要求：输出文件中出现四个 YES 和无虚频。查找、判断的方法如下。

① 输入命令"vi H2O-2.out"打开输出文件，输入命令"/ found"，查找词条 found，出现 Stationary point found 字样，并且上面出现四个 YES，表明结构已经优化完毕，如图 4-6。

```
                    Item          Value       Threshold  Converged?
Maximum Force                     0.000038     0.000450      YES
RMS      Force                    0.000018     0.000300      YES
Maximum Displacement              0.000967     0.001800      YES
RMS      Displacement             0.000476     0.001200      YES
Predicted change in Energy=-2.990345D-08
Optimization completed.
    -- Stationary point found.
```

图 4-6 结构优化完毕

② 在 Stationary point found 词条后，输入命令"/ Freq"，查找词条 Freq，出现 Frequencies，对应的第一行第一列的数，即为该结构的最小振动频率，频率为正值，则代表无虚频，如图 4-7。

```
                        1              2              3
                        A              A              A
Frequencies --      147.8775       174.0956       183.6824
Red. masses --        1.0708         1.7970         1.0346
Frc consts  --        0.0138         0.0321         0.0206
IR Inten    --      165.8240       114.9071        47.6410
```

图 4-7 频率项

以上两点均满足即为稳定的几何构型。

(3) 优化后的电子能(E_{opt})的查找

在 Stationary point found 词条后，查找词条 HF，如图 4-8，对应的能量即为电子能。

```
278909\H,1.7673048092,-0.5764711538,-0.6070424078\\Version=EM64L-G09Re
vA.01\State=1-A\HF=-152.8777204\RMSD=5.932e-10\RMSF=3.670e-05\ZeroPoin
t=0.0463979\Thermal=0.0520551\Dipole=1.1988856,-0.0383219,0.1307346\Di
```

图 4-8 电子能的查找

数据处理

1. 优化水二聚体和单体的构型。

2. 计算水二聚体的相互作用能。

要求如下。

键长 保留 3 位小数，如：1.426 Å；

键角 保留 1 位小数，如：120.5°；

能量 保留 6 位小数，如：−236.256012 hartree，相互作用能换算为 kJ·mol^{-1}后保留 2 位小数；

振动频率：保留 2 位小数，如 7.78cm^{-1}。

思考题

1. 为什么所有振动频率为正值的结构是稳定结构？如果有一个振动频率为负值，这样的结构通常对应于什么结构？

2. 为什么计算得到的能量是分子的电子能？

3. 实验上得到的水的氢键二聚体的氢键强度是多少？本实验预测的结果为什么与实验值不同？

4. 怎样做可以提高计算的精度？

参考文献

[1] 华彤文，陈景祖，等．普通化学原理．北京：北京大学出版社，2005：304-307.

[2] 周公度，段连运．结构化学基础．北京：北京大学出版社，2008：322-331.

[3] Jeffrey G A. An Introduction to Hydrogen Bonding. New York：Oxford University Press，1997.

实验二十二
分子中原子电荷的理论计算

实验目的

1. 熟练掌握 ChemOffice 软件的使用。
2. 熟练使用 Gaussian03 程序进行分子结构优化和原子电荷计算。
3. 学会 Gaussian view 软件的使用。

实验原理

使用量子化学计算方法可以计算得到分子中各个原子上的电荷分布。以下以双原子分子为例说明计算分子中各个原子上电荷分布的方法。

设 $\chi_{A\mu}$ 和 $\chi_{B\lambda}$ 是分别属于原子 A 和原子 B 的两组原子轨道，由 $\chi_{A\mu}$ 和 $\chi_{B\lambda}$ 形成的分子轨道 ψ_i 可表示为：

$$\psi_i = \sum_{A\mu} c_{A\mu i}\chi_{A\mu} + \sum_{B\lambda} c_{B\lambda i}\chi_{B\lambda} \tag{4-16}$$

由分子轨道归一化，得：

$$1 = \int \psi_i^* \psi_i d\tau = \sum_{A\mu} c_{A\mu i} c_{A\mu i}^* + \sum_{B\lambda} c_{B\lambda i} c_{B\lambda i}^* + 2\sum_{A\mu}\sum_{B\lambda} c_{A\mu i} c_{B\lambda i}^* S_{A\mu,B\lambda}$$

上式两边同乘以分子轨道 ψ_i 上的电子占据数 n_i，得：

$$n_i = \sum_{A\mu} n_i c_{A\mu i} c_{A\mu i}^* + \sum_{B\lambda} n_i c_{B\lambda i} c_{B\lambda i}^* + 2\sum_{A\mu}\sum_{B\lambda} n_i c_{A\mu i} c_{B\lambda i}^* S_{A\mu,B\lambda}$$

对于所有占据分子轨道 ψ_i 求和，得：

$$\sum_i n_i = \sum_i \sum_{A\mu} n_i c_{A\mu i} c_{A\mu i}^* + \sum_i \sum_{B\lambda} n_i c_{B\lambda i} c_{B\lambda i}^* + 2\sum_i\sum_{A\mu}\sum_{B\lambda} n_i c_{A\mu i} c_{B\lambda i}^* S_{A\mu,B\lambda} \tag{4-17}$$

$$n = \sum_i n_i \tag{4-18}$$

$$P_A = \sum_i \sum_{A\mu} n_i c_{A\mu i} c_{A\mu i}^* \tag{4-19}$$

$$P_B = \sum_i \sum_{B\lambda} n_i c_{B\lambda i} c_{B\lambda i}^* \tag{4-20}$$

$$P_{AB} = 2\sum_i \sum_{A\mu} \sum_{B\lambda} n_i c_{A\mu i} c_{B\lambda i}^* S_{A\mu,B\lambda} \tag{4-21}$$

$$n = P_A + P_B + P_{AB} \tag{4-22}$$

式(4-18)～式(4-22)中　　n——体系中总电子数；

P_A——属于原子 A 区域的电子数；

P_B——属于原子 B 区域的电子数；

P_{AB}——属于原子 A 和 B 之间键区域的电子数。

Mulliken 把原子 A 和 B 之间键区域的电子数平均分配给原子 A 和 B，从而得到分子中原子 A 上的总电荷 q_A 和原子 B 上的总电荷 q_B 如下。

$$q_A = Z_A - P_A - \frac{1}{2}P_{AB} \tag{4-23}$$

$$q_B = Z_B - P_B - \frac{1}{2}P_{AB} \tag{4-24}$$

式(4-23)、式(4-24)中，Z_A 和 Z_B 分别是原子 A 和原子 B 的核电荷数。通过解薛定谔方程可以求得分子轨道式(4-16)，进而由式(4-23)和式(4-24)求得分子中各个原子上的电荷。

本实验使用密度泛函理论 B3LYP/6-31G** 方法求解丁二烯分子的薛定谔方程。

仪器和软件

计算机　　　　　　ChemOffice 软件　　　　　Gaussian03 程序　　　　GaussView 软件

实验步骤

1. 构建分子

（1）双击打开 ChemOffice 软件中的 Chem3D，单击文本工具按钮 A。

（2）将鼠标移至模型窗口，单击鼠标，出现文本输入框，在输入框中输入 "CH2CHCHCH2" 如图 4-9，并按回车键，得到丁二烯分子的结构，如图 4-10。

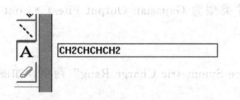
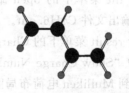

图 4-9　利用文本工具建立模型　　　　　　　图 4-10　丁二烯的 3D 结构

（3）保存成笛卡尔坐标的形式。执行 file 菜单下的 save 命令，保存类型选择为 Gaussian Input(*.GJF)形式，命名为 C4H6。

2. 编写输入文件并提交作业

以记事本的方式打开文件 C4H6.GJF，并以图 4-11 的方式编写文件。

通过 SSH Secure Shell Client 软件连接到计算机，并提交作业（详见实验二十一）。输入文件命名为 C4H6.dat，输出文件命名为 C4H6.out，并对作业进行实时监控（如图 4-12）。

3. 结果的筛选

（1）作业正常结束后，首先判断优化得到的结构是不是稳定构型（详见实验二十一）。

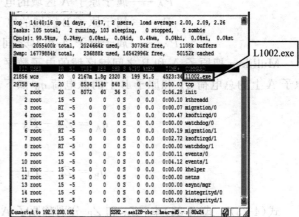

图 4-11　C4H6.GJC 文件　　　　　　　　　　图 4-12　作业的实时监控

（2）Mulliken 电荷的查找　在 Stationary point found 词条后，查找词条 Mulliken，如图 4-13，即为对应原子的 Mulliken 电荷。

（3）输出文件的导出

① 单击 SSH Secure Shell Client 界面上的 📷，进入到 SSH Secure File Transfer 界面。

② 在 remote name 下，双击 homework 进入文件夹 homework，选中 C4H6.out 文件拖拽到 local name 下的目标文件夹中，即完成了文件的导出。

4. 结果的表达

用 Gaussian view 软件来获得 Mulliken 电荷布局图。

① 双击桌面上 🔬 Gaussian view 图标打开软件。

gview.exe

② 执行 file 菜单下的 open 命令，选择文件类型为 Gaussian Output Files(*.out *.log)，打开输出文件 C4H6.out。

③ 执行 result 菜单下的 Charges 命令。

④ 选中"Show Charge Numbers"和"Force Symmetric Charge Rang"两项，如图 4-14，即可得到 Mulliken 电荷布局图。

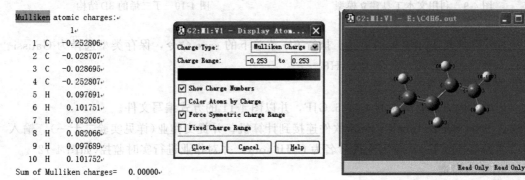

图 4-13　Mulliken 电荷的查找　　　　　　　　图 4-14　Mulliken 电荷布局图

⑤ 执行 file 菜单下的 save image 命令，即可将 Mulliken 电荷布局图保存。
⑥ 整理实验结果。

数据处理

表达实验所得的丁二烯的稳定几何构型和 Mulliken 电荷布局。

思考题

1. 理论上计算原子电荷的方案都有哪些？各自有什么优点和不足？
2. 能否通过实验手段获得分子中各个原子上的电荷？为什么？

参考文献

[1] 徐光宪，黎乐民，王德民. 量子化学基本原理和从头计算法. 北京：科学出版社，2009.
[2] 潘道皑，赵成大，郑载兴. 物质结构. 第2版. 北京：高等教育出版社，1989.
[3] Mulliken R S. Electronic population analysis on LCAO-MO molecular wave functions. J Chem Phys，1955(23)：10.

附表 1　一些物理化学常数

常数	符号	数值	单位
真空中的光速	c_0	2.99792458×10^8	$m \cdot s^{-1}$
真空磁导率	$\mu_0 = 4\pi \times 10^{-7}$	12.566371×10^{-7}	$H \cdot m^{-1}$
真空电容率	$\varepsilon_0 = (\mu_0 c^2)^{-1}$	$8.85418782(7) \times 10^{-12}$	$F \cdot m^{-1}$
基本电荷	e	$1.60217733(49) \times 10^{-19}$	C
精细结构常数	$\alpha = \mu_0 c e^2 / 2h$	$7.29735308(33) \times 10^{-3}$	
普朗克常数	h	$6.6260755(40) \times 10^{-34}$	$J \cdot s$
阿伏加德罗常数	L	$6.0221367(36) \times 10^{23}$	mol^{-1}
电子的静止质量	m_e	$9.1093897(54) \times 10^{-31}$	kg
质子的静止质量	m_p	$1.6726231(10) \times 10^{-27}$	kg
中子的静止质量	m_n	$1.6749286(10) \times 10^{-27}$	kg
法拉第常数	F	$9.6485309(29) \times 10^4$	$C \cdot mol^{-1}$
里德堡常数	R_∞	$1.0973731534(13) \times 10^7$	m^{-1}
玻尔半径	$a_0 = \alpha / 4\pi R_\infty$	$5.29177249(24) \times 10^{-11}$	m
玻尔磁子	$\mu_B = eh / 2m_e$	$9.2740154(31) \times 10^{-24}$	$J \cdot T^{-1}$
核磁子	$\mu_N = eh / 2m_p c$	$5.0507866(17) \times 10^{-27}$	$J \cdot T^{-1}$
摩尔气体常数	R	$8.314510(70)$	$J \cdot K^{-1} \cdot mol^{-1}$
玻耳兹曼常数	$k = R/L$	$1.380658(12) \times 10^{-23}$	$J \cdot K^{-1}$

注：括号中数字是标准偏差。

附表 2　压力单位换算表

压力单位	Pa	$kgf \cdot cm^{-2}$	$dyn \cdot cm^{-2}$	$lbf \cdot in^{-2}$	atm	bar	mmHg①
1Pa	1	1.019161×10^{-5}	10	1.450342×10^{-4}	9.86923×10^{-6}	1×10^{-5}	7.5006×10^{-3}
$1kgf \cdot cm^{-2}$	9.80665×10^4	1	9.80665×10^5	14.223343	0.9678241	0.980665	735.559
$1dyn \cdot cm^{-2}$	0.1	1.019716×10^{-6}	1	1.450377×10^{-5}	9.86823×10^{-7}	1×10^{-6}	7.50062×10^{-4}
$1lbf \cdot in^{-2}$	6.89476×10^3	7.0306958×10^{-2}	6.89476×10^4	1	6.80460×10^{-2}	6.89476×10^{-2}	51.7149
1atm	1.01325×10^5	1.03323	1.01325×10^6	14.6960	1	1.01325	760.0
1bar	1×10^5	1.019716	1×10^6	14.5038	0.986923	1	750.062
1mmHg	133.3224	1.35951×10^{-3}	1333.224	1.93368×10^{-2}	1.3157895×10^{-3}	1.33322×10^{-3}	1

① $\rho_{Hg} = 13.5931 g \cdot cm^{-3}$，$g = 9.80665 m \cdot s^{-2}$，0℃时 $1mmHg = 1Torr \equiv 1/760atm$。

附表3　能量单位换算表

能量单位	cm^{-1}	J	cal	eV
1cm^{-1}	1	1.98648×10^{-23}	4.74778×10^{-24}	1.239852×10^{-4}
1J	5.03404×10^{22}	1	0.239006	6.241461×10^{18}
1cal	2.10624×10^{23}	4.184	1	2.611425×10^{19}
1eV	8.06547×10^{3}	1.60218×10^{-19}	3.82932×10^{-20}	1

附表4(a)　IPTS-68(1968年国际实用温标)定义的一级温度固定点

平衡状态①	T_{68}/K	t_{68}/℃
平衡氢②三相点,固、液、气	13.81	−259.34
平衡氢液态,气态在33330.6N·m^{-2}(25/76标准大气压)压力下的平衡	17.042	−256.108
平衡氢沸点,液、气	20.328	−252.82
氖沸点,液、气	27.102	−246.048
氧三相点,固、液、气	54.361	−218.789
氧沸点,液、气	90.188	−182.962
水三相点,固、液、气	273.16	0.01
水沸点,液、气	373.15	100
锌凝固点,固、液	692.73	419.58
银凝固点,固、液	1235.08	961.93
金凝固点,固、液	1337.58	1064.43

① 除特别指明的外,所处压力均为101325Pa。

② 平衡氢是指在任意温度下正氢和仲氢的平衡混合物。

附表4(b)　IPTS-68(1968年国际实用温标)规定的第二类参考点(部分)

平衡状态①	T_{68}/K	t_{68}/℃
标准氢②三相点,固、液、气	13.956	−259.194
二氧化碳升华点,固、气	194.674	−78.476
汞凝固点,固、液	234.288	−38.862
冰点,固、液	273.15	0
苯甲酸三相点,固、液、气	395.52	122.37
铟凝固点,固、液	429.784	156.634
铋凝固点,固、液	544.592	271.442
镉凝固点,固、液	594.258	321.108
铅凝固点,固、液	600.652	327.502
硫凝固点,固、液	717.824	444.674
锑凝固点,固、液	903.89	630.74
铝凝固点,固、液	933.52	660.37
铜凝固点,固、液	1357.6	1084.5
钯凝固点,固、液	1827	1554
铂凝固点,固、液	2045	1772
铑凝固点,固、液	2236	1963
钨凝固点,固、液	3660	3387

① 所处压力均为101325Pa。

② 标准氢指室温下25%的正氢和75%仲氢的平衡混合物。

附表 5 不同温度下水的饱和蒸气压

t/℃	0.0		0.2		0.4		0.6		0.8	
	mmHg	kPa	mmHg	kPa	mmHg	kPa	mmHg	kPa	mmHg	kPa
0	4.579	0.6105	4.647	0.6195	4.715	0.6286	4.785	0.6379	4.855	0.6473
1	4.926	0.6567	4.998	0.6663	5.70	0.6759	5.144	0.6858	5.219	0.6958
2	5.294	0.7058	5.370	0.7159	5.447	0.7262	5.525	0.7366	5.605	0.7473
3	5.685	0.7579	5.766	0.7687	5.848	0.7797	5.931	0.7907	6.015	0.8019
4	6.101	0.8134	6.187	0.8249	6.274	0.8365	6.363	0.8483	6.453	0.8603
5	6.543	0.8723	6.635	0.8846	6.718	0.8970	6.822	0.9095	6.917	0.9222
6	7.013	0.9350	7.111	0.9481	7.209	0.9611	7.309	0.9745	7.411	0.9880
7	7.513	1.0017	7.617	1.0155	7.722	1.0295	7.828	1.0436	7.936	1.0580
8	8.045	1.0726	8.155	1.0872	8.267	1.1022	8.380	1.1172	8.494	1.1324
9	8.609	1.1478	8.727	1.1635	8.845	1.1792	8.965	1.1952	9.086	1.2114
10	9.209	1.2278	9.333	1.2443	9.458	1.2610	9.585	1.2779	9.714	1.2951
11	9.844	1.3124	9.976	1.3300	10.109	1.3478	10.244	1.3658	10.380	1.3839
12	10.518	1.4023	10.658	1.4210	10.799	1.4397	10.941	1.4527	11.085	1.4779
13	11.231	1.4973	11.379	1.5171	11.528	1.5370	11.680	1.5572	11.833	1.5776
14	11.987	1.5981	12.144	1.6191	12.302	1.6401	12.462	1.6615	12.624	1.6831
15	12.788	1.7049	12.953	1.7269	13.121	1.7493	13.290	1.7718	13.461	1.7946
16	13.634	1.8177	13.809	1.8410	13.987	1.8648	14.166	1.8886	14.347	1.9128
17	14.530	1.9372	14.715	1.9618	14.903	1.9869	15.092	2.0121	15.284	2.0337
18	15.477	2.0634	15.673	2.0896	15.871	2.1160	16.071	2.1426	16.272	2.1694
19	16.477	2.1967	16.685	2.2245	16.894	2.2523	17.105	2.2805	17.319	2.3090
20	17.535	2.3378	17.753	2.3669	17.974	2.3963	18.197	2.4261	18.422	2.4561
21	18.650	2.4865	18.880	2.5171	19.113	2.5482	19.349	2.5796	19.587	2.6114
22	19.827	2.6434	20.070	2.6758	20.316	2.7086	20.565	2.7418	20.815	2.7751
23	21.068	2.8088	21.324	2.8430	21.583	2.8775	21.845	2.9124	22.110	2.9478
24	22.377	2.9833	22.648	3.0195	22.922	3.056	23.198	3.0928	23.476	3.1299
25	23.756	3.1672	24.039	3.2049	24.326	3.2432	24.617	3.2820	24.912	3.3213
26	25.209	3.3609	25.509	3.4009	25.812	3.4413	26.117	3.4820	26.426	3.5232
27	26.739	3.5649	27.055	3.6070	27.374	3.6496	27.696	3.6925	28.021	3.7358
28	28.349	3.7795	28.680	3.8237	29.015	3.8683	29.354	3.9135	29.697	3.9593
29	30.043	4.0054	30.392	4.0519	30.745	4.0990	31.102	4.1466	31.461	4.1944
30	31.824	4.2428	32.191	4.2918	32.561	4.3411	32.934	4.3908	33.312	4.4412
31	33.695	4.4923	34.082	4.5439	34.471	4.5957	34.864	4.6481	35.261	4.7011
32	35.663	4.7547	36.068	4.8087	36.477	4.8632	36.891	4.9184	37.308	4.9740
33	37.729	5.0301	38.155	5.0869	38.584	5.1441	39.018	5.2020	39.457	5.2605
34	39.898	5.3193	40.344	5.3787	40.796	5.4390	41.251	5.4997	41.710	5.5609
35	42.175	5.6229	42.644	5.6854	43.117	5.7484	43.595	5.8122	44.078	5.8766
36	44.563	5.9412	45.054	6.0067	45.549	6.0727	46.050	6.1395	46.556	6.2069
37	47.067	6.2751	47.582	6.3437	48.102	6.4130	48.627	6.4830	49.157	6.5537
38	49.692	6.6250	50.231	6.6969	50.774	6.7693	51.323	6.8425	51.879	6.9166
39	52.442	6.9917	53.009	7.0673	53.580	7.1434	54.156	7.2202	54.737	7.2976
40	55.324	7.3759	55.91	7.451	56.51	7.534	57.11	7.614	57.72	7.695

附表 6 中所列物质的蒸气压可用以下方程计算：

$$\lg \frac{p}{\mathrm{mmHg}} = a - 0.05223 \times b/T \tag{1}$$

或

$$\lg \frac{p}{\mathrm{mmHg}} = a - b/(c+t) \tag{2}$$

式中，p 为蒸气压，t 和 T 分别为摄氏温度和热力学温度，常数 a、b 以及 c 见附表6。

附表6 一些物质的饱和蒸气压与温度的关系

物质	$t/℃$	方程及适用温度范围/℃	a	b	c
溴 Br$_2$	59.5(2)		6.83278	113.0	228.0
四氯化碳 CCl$_4$	76.6(1)	$-19\sim20$	8.004	33914	
三氯甲烷 CHCl$_3$	61.3(2)	$-30\sim150$	6.90328	1163.03	227.4
甲醇 CH$_4$O	64.65(1)	$-10\sim80$	8.8017	38324	
甲醇 CH$_4$O	64.65(2)	$-20\sim140$	7.87863	1473.11	230.0
醋酸 C$_2$H$_4$O$_2$	118.2(2)	$0\sim36$	7.80307	1651.2	225
乙醇 C$_2$H$_6$O	78.37(2)		8.04494	1554.3	222.65
丙酮 C$_3$H$_6$O	56.5(2)		7.0244	1161.0	200.22
乙酸乙酯 C$_4$H$_8$O$_2$	77.06(2)	$-22\sim150$	7.09808	1238.71	217.0
乙醚 C$_4$H$_{10}$O	34.6(2)		6.78574	994.19	220.0
苯(液) C$_6$H$_6$	80.10(1)	$0\sim42$	7.9622	34	
苯 C$_6$H$_6$	80.10(2)	$5.53\sim104$	6.89745	1206.350	220.237
环己烷 C$_6$H$_{12}$	80.74(2)	$6.56\sim105$	6.84498	1203.526	222.863
正己烷 C$_6$H$_{14}$	80.74(1)	$-10\sim90$	7.724	31679	
环己烷 C$_6$H$_{12}$	68.32(2)	$-25\sim92$	6.87773	1171.530	224.366
甲苯 C$_7$H$_8$	110.63(1)	$-92\sim15$	8.330	39198	
甲苯 C$_7$H$_8$	110.63(2)	$6\sim136$	6.95334	1343.943	219.377
苯甲酸 C$_7$H$_6$O$_2$	(1)	$60\sim110$	9.033	63820	
萘 C$_{10}$H$_8$	(1)	$0\sim80$	11.450	71401	
铅 Pb	(1)	$525\sim1325$	7.827	188500	
锡 Sn	(1)	$1950\sim2270$	9.643	328000	

附表7(a) 不同温度下水的密度[①]

$t/℃$	$\rho/(kg \cdot m^{-3})$	$t/℃$	$\rho/(kg \cdot m^{-3})$	$t/℃$	$\rho/(kg \cdot m^{-3})$	$t/℃$	$\rho/(kg \cdot m^{-3})$
0	999.8395	26	996.7837	51	987.5809	76	974.2490
1	999.8985	27	996.5132	52	987.1190	77	973.6439
2	999.9399	28	996.2335	53	986.6508	78	973.0336
3	999.9642	29	995.9445	54	986.1761	79	972.4183
4	999.9720	30	995.6473	55	985.6952	80	971.7978
5	999.9638	31	995.3410	56	985.2081	81	971.1723
6	999.9402	32	995.0262	57	984.7149	82	970.5417
7	999.9015	33	994.2030	58	984.2156	83	969.9062
8	999.8482	34	994.3715	59	983.7102	84	969.2657
9	999.7808	35	994.0319	60	983.1989	85	968.6203
10	999.6996	36	993.6842	61	982.6817	86	967.9700
11	999.6051	37	993.3287	62	982.1586	87	967.3148
12	999.4974	38	992.9653	63	981.6297	88	966.6547
13	999.3771	39	992.5943	64	981.0951	89	965.9898
14	999.2444	40	992.2158	65	980.5548	90	965.3201
15	999.0996	41	991.8298	66	980.0089	91	964.6457
16	998.9430	42	991.4364	67	979.4573	92	963.9664
17	998.7749	43	991.0358	68	978.9003	93	963.2825
18	998.5956	44	990.6280	69	978.3377	94	962.5938
19	998.4052	45	990.2132	70	977.7696	95	961.9004
20	998.2041	46	989.7914	71	977.1962	96	961.2023
21	997.9925	47	989.3628	72	976.6173	97	960.4996
22	997.7705	48	988.9273	73	976.0332	98	959.7923
23	997.5385	49	988.4851	74	975.4437	99	959.0803
24	997.2965	50	988.0363	75	974.8990	100	958.3637
25	997.0449						

① 也可用以下方程计算：

$$\rho/\mathrm{kg} \cdot \mathrm{m}^{-3} = (999.83952 + 16.945176t/℃ - 7.9870401 \times 10^{-3}t^2/℃ - 46.170461 \times$$
$$10^{-6}t^3/℃ + 105.56302 \times 10^{-9}t^4/℃ - 280.5425 \times 10^{-12}t^5/℃)/(1 + 16.879850 \times$$
$$10^{-3}t/℃)$$

附表 7(b)　不含空气的纯水密度

$t/℃$	$\rho/(\mathrm{kg} \cdot \mathrm{dm}^{-3})$	$t/℃$	$\rho/(\mathrm{kg} \cdot \mathrm{dm}^{-3})$	$t/℃$	$\rho/(\mathrm{kg} \cdot \mathrm{dm}^{-3})$
0	0.99987	20	0.99823	40	0.99224
1	0.99993	21	0.99802	41	0.99186
2	0.99997	22	0.99780	42	0.99147
3	0.99999	23	0.99756	43	0.99107
4	1.00000 *	24	0.99732	44	0.99066
5	0.99999	25	0.99707	45	0.99025
6	0.99997	26	0.99681	46	0.98982
7	0.99993	27	0.99654	47	0.98940
8	0.99988	28	0.99626	48	0.98896
9	0.99981	29	0.99597	49	0.98852
10	0.99973	30	0.99567	50	0.98807
11	0.99963	31	0.99537	51	0.98762
12	0.99952	32	0.99505	52	0.98715
13	0.99940	33	0.99473	53	0.98669
14	0.99927	34	0.99440	54	0.98621
15	0.99913	35	0.99406	55	0.98573
16	0.99897	36	0.99371	60	0.98324
17	0.99880	37	0.99336	65	0.98059
18	0.99862	38	0.99299	70	0.97781
19	0.99843	39	0.99262	75	0.97489

注：纯水最大密度的温度为 3.98℃(277.13K)。

附表 8　一些有机化合物的密度与温度的关系

表中所列有机化合物之密度可用下列方程计算：

$$\rho_t(\mathrm{g} \cdot \mathrm{cm}^{-1}) = [\rho_0 + 10^{-3}\alpha(t - t_0) + 10^{-6}\beta(t - t_0)^2 + 10^{-9}\gamma(t - t_0)^3]$$

式中，ρ_0 为 0℃时的密度；ρ_t 为 t℃时的密度。

化合物	$\rho_0/(\mathrm{g} \cdot \mathrm{cm}^{-3})$	α	β	γ	误差范围	温度范围/℃
四氯化碳 CCl_4	1.63255	-1.9110	-0.690		0.0002	0~40
氯仿 $CHCl_3$	1.52643	-1.8563	-0.5309	-8.81	0.0001	-53~55
甲醇 CH_4O	0.80909	-0.9253	-0.41			
乙醇① C_2H_6O	0.78506	-0.8591	-0.56	-5		10~40
丙酮 C_3H_6O	0.81248	-1.100	-0.858		0.001	0~50
乙酸甲酯 $C_3H_6O_2$	0.93932	-1.2710	-0.405	-6.09	0.001	0~100
乙酸乙酯 $C_4H_8O_2$	0.92454	-1.168	-1.95	$+20$	0.00005	0~40
乙醚 $C_4H_{10}O$	0.73629	-1.1138	-1.237		0.0001	0~70
苯 C_6H_6	0.90005	-1.0638	-0.0376	-2.213	0.0002	11~72
酚 C_6H_6O	1.03893	-0.8188	-0.670		0.001	40~150

① 0.78506 为 25℃时的密度，利用上述方程式计算时，温度项应该用$(t-25)$代入。

附表 9 某些溶剂的凝固点降低常数

溶剂	凝固点 $t_f/℃$	$K_f/(℃ \cdot kg \cdot mol^{-1})$
醋酸 $C_2H_4O_2$	16.66	3.9
四氯化碳 CCl_4	−22.95	29.8
1,4-二噁烷 $C_4H_8O_2$	11.8	4.63
1,4-二溴代苯 $C_6H_4Br_2$	87.3	12.5
苯 C_6H_6	5.533	5.12
环己烷 C_6H_{12}	6.54	20.0
萘 $C_{10}H_8$	80.290	6.94
樟脑 $C_{10}H_{16}O$	178.75	37.7
水 H_2O	0	1.86

附表 10 标准电极电势及其温度系数

电极反应	$\varphi^\ominus/V(25℃)$	$\dfrac{d\varphi^\ominus}{dT}/(mV \cdot K^{-1})$
$Ag^+ + e \Longrightarrow Ag$	+0.7991	−1.000
$AgCl + e \Longrightarrow Ag + Cl^-$	+0.2224	−0.658
$AgI + e \Longrightarrow Ag + I^-$	−0.151	−0.248
$Ag(NH_3)_2^+ + e \Longrightarrow Ag + 2NH_3$	+0.373	−0.460
$Cl_2 + 2e \Longrightarrow 2Cl^-$	+1.3595	−1.260
$2HClO(aq) + 2H^+ + 2e \Longrightarrow Cl_2(g) + 2H_2O$	+1.63	−0.14
$Cr_2O_7^{2-} + 14H^+ + 6e \Longrightarrow 2Cr^{3+} + 7H_2O$	+1.33	−1.263
$HCrO_4^- + 7H^+ + 3e \Longrightarrow Cr^{3+} + 4H_2O$	+1.2	
$Cu^+ + e \Longrightarrow Cu$	+0.521	−0.058
$Cu^{2+} + 2e \Longrightarrow Cu$	+0.337	+0.008
$Cu^{2+} + e \Longrightarrow Cu^+$	+0.153	+0.073
$Fe^{2+} + 2e \Longrightarrow Fe$	−0.440	+0.052
$Fe(OH)_2 + 2e \Longrightarrow Fe + 2OH^-$	−0.877	−1.06
$Fe^{3+} + e \Longrightarrow Fe^{2+}$	+0.771	+1.188
$Fe(OH)_3 + e \Longrightarrow Fe(OH)_2 + OH^-$	−0.56	−0.96
$2H^+ + 2e \Longrightarrow H_2(g)$	0.0000	0
$2H^+ + 2e \Longrightarrow H_2(aq, sat)$	+0.0004	+0.033
$Hg_2^{2+} + 2e \Longrightarrow 2Hg$	+0.792	
$Hg_2Cl_2 + 2e \Longrightarrow 2Hg + 2Cl^-$	+0.2676	−0.317
$HgS + 2e \Longrightarrow Hg + S^{2-}$	−0.69	−0.79
$HgI_4^{2-} + 2e \Longrightarrow Hg + 4I^-$	−0.038	+0.04
$Li^+ + e \Longrightarrow Li$	−3.045	−0.534
$Na^+ + e \Longrightarrow Na$	−2.714	−0.772
$Ni^{2+} + 2e \Longrightarrow Ni$	−0.250	+0.06
$O_2(g) + 2H^+ + 2e \Longrightarrow H_2O_2(aq)$	+0.682	−1.033
$O_2(g) + 4H^+ + 4e \Longrightarrow 2H_2O$	+1.229	−0.846
$O_2(g) + 2H_2O + 4e \Longrightarrow 4OH^-$	+0.401	−1.680
$H_2O_2(aq) + 2H^+ + 2e \Longrightarrow 2H_2O$	+1.77	−0.658
$2H_2O + 2e \Longrightarrow H_2 + 2OH^-$	−0.8281	−0.8342
$Pb^{2+} + 2e \Longrightarrow Pb$	−0.126	−0.451
$PbO_2 + H_2O + 2e \Longrightarrow PbO(red) + 2OH^-$	+0.248	−1.194
$PbO_2 + SO_4^{2-} + 4H^+ + 2e \Longrightarrow PbSO_4 + 2H_2O$	+1.685	−0.326
$S + 2H^+ + 2e \Longrightarrow H_2S(aq)$	+0.141	−0.209
$Sn^{2+} + 2e \Longrightarrow Sn(white)$	−0.136	−0.282
$Sn^{4+} + 2e \Longrightarrow Sn^{2+}$	+0.15	
$Zn^{2+} + 2e \Longrightarrow Zn$	−0.7628	+0.091
$Zn(OH)_2 + 2e \Longrightarrow Zn + 2OH^-$	−1.245	−1.002

附表 11　常用参比电极的电极电势及其温度系数

名称	体系	E/V[①]	$\dfrac{dE}{dT}/mV \cdot K^{-1}$
氢电极	Pt, H_2 ∣ H^+($a_{H^+}=1$)	0.0000	
饱和甘汞电极	Hg, Hg_2Cl_2 ∣ 饱和 KCl	0.2415	−0.761
标准甘汞电极	Hg, Hg_2Cl_2 ∣ $1mol \cdot dm^{-3}$ KCl	0.2800	−0.275
$0.1mol \cdot dm^{-3}$ 甘汞电极	Hg, Hg_2Cl_2 ∣ $0.1mol \cdot dm^{-3}$ KCl	0.3337	−0.875
银-氯化银电极	Ag, AgCl ∣ $0.1mol \cdot dm^{-3}$ KCl	0.290	−0.3
氧化汞电极	Hg, HgO ∣ $0.1mol \cdot dm^{-3}$ KOH	0.165	
硫酸亚汞电极	Hg, Hg_2SO_4 ∣ $1mol \cdot dm^{-3}$ Hg_2SO_4	0.6758	
硫酸铜电极	Cu ∣ 饱和 $CuSO_4$	0.316	0.7

① 25℃；相对于标准氢电极(NHE)。

附表 12　不同温度下饱和甘汞电极(SCE)的电极电势

$t/℃$	φ/V[①]	$t/℃$	φ/V	$t/℃$	φ/V
0	0.2568	25	0.2412	50	0.2233
10	0.2507	30	0.2378	60	0.2154
20	0.2444	40	0.2307	70	0.2071

① 25℃；相对于标准氢电极(NHE)。

附表 13　甘汞电极的电极电势与温度的关系

甘汞电极[①]	φ/V
SCE	$0.2412-6.61\times10^{-4}(t-25)-1.75\times10^{-6}(t-25)^2-9\times10^{-10}(t-25)^3$
NCE	$0.2801-2.75\times10^{-4}(t-25)-2.50\times10^{-6}(t-25)^2-4\times10^{-9}(t-25)^3$
0.1NCE	$0.3337-8.75\times10^{-5}(t-25)-3\times10^{-6}(t-25)^2$

① SCE 为饱和甘汞电极；NCE 为标准甘汞电极；0.1NCE 为 $0.1mol \cdot dm^{-3}$ 甘汞电极；相对于标准氢电极(NHE)。

附表 14　饱和标准电池在 0~40℃内的温度校正值[①]

$t/℃$	$\Delta E_t/\mu V$	$t/℃$	$\Delta E_t/\mu V$	$t/℃$	$\Delta E_t/\mu V$
0	+345.60	15	+175.32	26	−271.22
1	+353.94	16	+144.30	27	−322.15
2	+359.13	17	+111.22	28	−374.62
3	+361.27	18.0	+76.09	29	−428.54
4	+360.43	18.5	+57.79	30	−483.90
5	+356.66	19.0	+39.00	31	−540.65
6	+350.08	19.5	+19.74	32	−598.75
7	+340.74	20.0	0	33	−658.16
8	+328.71	20.5	−20.20	34	−718.84
9	+314.07	21.0	−40.86	35	−780.78
10	+296.90	21.5	−61.97	36	−843.93
11	+277.26	22.0	−83.53	37	−908.25
12	+255.21	23	−127.94	38	−973.73
13	+230.83	24	−174.06	39	−1014.32
14	+204.18	25	−221.84	40	−1108.00

① 相对于 20.0℃时 $E_{20}=1.01845V$。

也可按下式计算：

$$\Delta E_t/\mu V = -39.94(t/℃-20)-0.929(t/℃-20)^2+0.0090(t/℃-20)^3-0.00006(t/℃-20)^4$$

式中，t 为摄氏温度。

附表 15　KCl 溶液的电导率[①]

t/℃	$c/(\text{mol} \cdot \text{dm}^{-3})$[②]			
	1.0000	0.1000	0.0200	0.0100
0	0.06541	0.00715	0.001521	0.000776
5	0.07414	0.00822	0.001752	0.000896
10	0.08319	0.00933	0.001994	0.001020
15	0.09252	0.01048	0.002243	0.001147
16	0.09441	0.01072	0.002294	0.001173
17	0.09631	0.01095	0.002345	0.001199
18	0.09822	0.01119	0.002397	0.001225
19	0.10014	0.01143	0.002449	0.001251
20	0.10207	0.01167	0.002501	0.001278
21	0.10400	0.01191	0.002553	0.001305
22	0.10594	0.01215	0.002606	0.001332
23	0.10789	0.01239	0.002659	0.001359
24	0.10984	0.01264	0.002712	0.001386
25	0.11180	0.01288	0.002765	0.001413
26	0.11377	0.01313	0.002819	0.001441
27	0.11574	0.01337	0.002873	0.001468
28		0.01362	0.002927	0.001496
29		0.01387	0.002981	0.001524
30		0.01412	0.003036	0.001552
35		0.01539	0.003312	
36		0.01564	0.003368	

① κ 单位 S·cm^{-1}。

② 在空气中称取 74.56g KCl，溶于 18℃水中，稀释到 1L，其浓度为 1.000mol·dm^{-3}（密度 1.0449g·cm^{-3}），再稀释得其他浓度溶液。

附表 16　一些电解质水溶液的摩尔电导率[①]

化合物 / cm/mol·L^{-1}	无限稀	0.0005	0.001	0.005	0.01	0.02	0.05	0.1
AgNO$_3$	133.29	131.29	130.45	127.14	124.70	121.35	115.18	109.09
$\frac{1}{2}$BaCl$_2$	139.91	135.89	134.27	127.96	123.88	119.03	111.42	105.14
HCl	425.95	422.53	421.15	415.59	411.80	407.04	398.89	391.13
KCl	149.79	147.74	146.88	143.48	141.20	138.27	133.30	128.90
KClO$_4$	139.97	138.69	137.80	134.09	131.39	127.86	121.56	115.14
$\frac{1}{4}$K$_4$(CN)$_6$	184	—	167.16	146.02	134.76	122.76	107.65	97.82
KOH	271.5	—	234	230	228	—	219	213
$\frac{1}{2}$MgCl$_2$	129.34	125.55	124.15	118.25	114.49	109.99	103.03	97.05
NH$_4$Cl	149.6	—	146.7	134.4	141.21	138.25	133.22	128.69
NaCl	126.39	124.44	123.68	120.59	118.45	115.70	111.01	106.69
NaOOCCH$_3$	91.0	89.2	88.5	85.68	83.72	81.20	76.88	72.76
NaOH	247.7	245.5	244.6	240.7	237.9	—	—	—

① Λ_m 单位：S·cm^2·mol^{-1}，25℃。

附表 17　水溶液中离子的极限摩尔电导率[①]

$t/℃$ 离子	0	18	25	50
H^+	225	315	349.8	464
K^+	40.7	63.9	73.5	114
Na^+	26.5	42.8	50.1	82
NH_4^+	40.2	63.9	73.5	115
Ag^+	33.1	53.5	61.9	101
$\frac{1}{2}Ba^{2+}$	34.0	54.6	63.6	104
$\frac{1}{2}Ca^{2+}$	31.2	50.7	59.8	96.2
OH^-	105	171	198.3	(284)
Cl^-	41.0	66.0	76.3	(116)
NO_3^-	40.0	62.3	71.5	(104)
CH_2COO^-	20.0	32.5	40.9	(67)
$\frac{1}{2}SO_4^{2-}$	41	68.4	80.0	(125)
$\frac{1}{4}[Fe(CN)_6]^{4-}$	58	95	110.5	(173)

① λ^∞ 单位：$S \cdot cm^2 \cdot mol^{-1}$。

附表 18　一些强电解质的活度系数(25℃)

电解质	$m/(mol \cdot kg^{-1})$										
	0.01	0.1	0.2	0.3	0.4	0.5	0.6	0.7	0.8	0.9	1.0
$AgNO_3$	0.09	0.734	0.657	0.606	0.567	0.536	0.509	0.485	0.464	0.446	0.429
$Al_2(SO_4)_3$		0.035	0.0225	0.0176	0.0153	0.0143	0.014	0.0142	0.0149	0.0159	0.0175
$BaCl_2$		0.500	0.444	0.419	0.405	0.397	0.391	0.391	0.391	0.392	0.395
$CaCl_2$		0.518	0.472	0.455	0.448	0.448	0.453	0.460	0.470	0.484	0.500
$CuCl_2$		0.508	0.455	0.429	0.417	0.411	0.409	0.409	0.410	0.413	0.417
$Cu(NO_3)_2$		0.511	0.460	0.439	0.429	0.426	0.427	0.431	0.437	0.445	0.455
$CuSO_4$	0.40	0.150	0.104	0.0829	0.0704	0.062	0.0559	0.0512	0.0475	0.0446	0.0423
$FeCl_2$		0.5185	0.473	0.454	0.448	0.450	0.454	0.463	0.473	0.488	0.506
HCl		0.976	0.767	0.756	0.755	0.757	0.763	0.772	0.783	0.795	0.809
$HClO_4$		0.803	0.778	0.768	0.766	0.769	0.776	0.785	0.795	0.808	0.823
HNO_3		0.791	0.754	0.725	0.725	0.720	0.717	0.717	0.718	0.721	0.724
H_2SO_4		0.2655	0.209	0.1826	—	0.1557	—	0.1417	—	—	0.1316
KBr		0.772	0.722	0.693	0.673	0.657	0.646	0.636	0.629	0.622	0.617
KCl		0.770	0.718	0.688	0.666	0.649	0.637	0.626	0.618	0.610	0.604
$KClO_3$		0.749	0.681	0.635	0.599	0.568	0.541	0.518	—	—	—
$K_4Fe(CN)_6$		0.139	0.0993	0.0808	0.0693	0.0614	0.0556	0.0512	0.0479	0.0454	—
KH_2PO_4		0.731	0.653	0.602	0.561	0.529	0.501	0.477	0.456	0.438	0.421
KNO_3		0.739	0.663	0.614	0.576	0.545	0.519	0.496	0.476	0.459	0.443
KAc		0.796	0.766	0.754	0.750	0.751	0.754	0.759	0.766	0.774	0.783
KOH		0.798	0.760	0.742	0.734	0.732	0.733	0.736	0.742	0.749	0.756
$MgSO_4$		0.150	0.107	0.0874	0.0756	0.0675	0.0616	0.0571	0.0536	0.0508	0.0485
NH_4Cl		0.770	0.718	0.687	0.665	0.649	0.636	0.625	0.617	0.609	0.603
NH_4NO_3		0.740	0.677	0.636	0.606	0.582	0.562	0.545	0.530	0.516	0.504
$(NH_4)_2SO_4$		0.439	0.356	0.311	0.280	0.257	0.240	0.226	0.214	0.205	0.196
$NaCl$	0.9032	0.778	0.735	0.710	0.693	0.681	0.673	0.667	0.662	0.659	0.657

续表

电解质	$m/(\text{mol} \cdot \text{kg}^{-1})$										
	0.01	0.1	0.2	0.3	0.4	0.5	0.6	0.7	0.8	0.9	1.0
$NaClO_3$		0.772	0.720	0.688	0.664	0.645	0.630	0.617	0.606	0.597	0.589
$NaClO_4$		0.775	0.729	0.701	0.683	0.668	0.656	0.648	0.641	0.635	0.629
NaH_2PO_4		0.744	0.675	0.629	0.593	0.563	0.539	0.517	0.499	0.483	0.468
$NaNO_3$		0.762	0.703	0.666	0.638	0.617	0.599	0.583	0.570	0.558	0.548
NaOAc		0.791	0.757	0.744	0.737	0.735	0.736	0.740	0.745	0.752	0.757
NaOH		0.766	0.727	0.708	0.697	0.690	0.685	0.681	0.679	0.678	0.678
$Pb(NO_3)_2$		0.395	0.308	0.260	0.228	0.205	0.187	0.172	0.160	0.150	0.141
$ZnCl_2$		0.515	0.462	0.432	0.411	0.394	0.380	0.369	0.357	0.348	0.339
$Zn(NO_3)_2$		0.531	0.489	0.474	0.469	0.473	0.480	0.489	0.501	0.518	0.535
$ZnSO_4$	0.387	0.150	0.140	0.0835	0.0714	0.0630	0.0569	0.0523	0.0487	0.0458	0.0435

附表 19　IUPAC 推荐的五种标准缓冲溶液的 pH 值

$t/℃$	溶液				
	①	②	③	④	⑤
0		4.003	6.984	7.534	9.464
5		3.999	6.951	7.500	9.395
10		3.998	6.923	7.472	9.332
15		3.999	6.900	7.448	9.276
20		4.002	6.881	7.429	9.225
25	3.557	4.008	6.865	7.413	9.180
30	3.552	4.015	6.853	7.400	9.139
35	3.549	4.024	6.844	7.389	9.102
38	3.548	4.030	6.840	7.384	9.081
40	3.547	4.035	6.838	7.380	9.068
45	3.547	4.037	6.834	7.373	9.038
50	3.549	4.060	6.833	7.367	9.011

① 25℃下的饱和酒石酸氢钾溶液($0.0341\text{mol} \cdot \text{dm}^{-3}$)。

② $0.05\text{mol} \cdot \text{dm}^{-3}$ 的邻苯二甲酸氢钾溶液。

③ $0.025\text{mol} \cdot \text{dm}^{-3}$ 的 KH_2PO_4 和 $0.025\text{mol} \cdot \text{dm}^{-3}$ 的 Na_2HPO_4 溶液。

④ $0.008695\text{mol} \cdot \text{dm}^{-3}$ 的 KH_2PO_4 和 $0.03043\text{mol} \cdot \text{dm}^{-3}$ 的 Na_2HPO_4 溶液。

⑤ $0.01\text{mol} \cdot \text{dm}^{-3}$ 的 $Na_2B_4O_7$ 溶液。

附表 20　不同温度下水的表面张力 σ

$t/℃$	$\sigma/(10^{-3}\text{N} \cdot \text{m}^{-1})$	$t/℃$	$\sigma/(10^{-3}\text{N} \cdot \text{m}^{-1})$	$t/℃$	$\sigma/(10^{-3}\text{N} \cdot \text{m}^{-1})$
0	75.64	17	73.19	26	71.82
5	74.92	18	73.05	27	71.66
10	74.22	19	72.90	28	71.50
11	74.07	20	72.75	29	71.35
12	73.93	21	72.59	30	71.18
13	73.78	22	72.44	35	70.38
14	73.64	23	72.28	40	69.56
15	73.49	24	72.13	45	68.74
16	73.34	25	71.97		

附表 21 最大气泡压力法的校正因子

最大泡压法测定表面张力的公式：

$$\sigma = \frac{1}{2}a^2 g\rho \tag{1}$$

$$a^2 = hb \tag{2}$$

式中，a 为毛细管常数；g 为重力加速度；ρ 为液相与气相密度之差；h 为 U 型压力计上的压差；b 为气泡底部的全曲线半径。

先令 b 等于毛细管的半径 r，由式(2)求得 a 的一级近似值 a_1，从附表 21 查得与 r/a_1 相应的 r/b 值，得 b 的一级近似值 b_1。再重复得出一系列的近似值 a_1、a_2、a_3、a_4、$\cdots$、a_n。最后，根据测量精度要求，以 n 级近似值 a_n 由式(1)求算表面张力 σ。附表 21 的数据为 r/a 从 0.00 至 1.48 时的 r/b 值。

r/a	0.00	0.02	0.04	0.06	0.08
0.0	1.0000	0.9997	0.9990	0.9977	0.9958
0.1	0.9934	0.9905	0.9870	0.9831	0.9786
0.2	0.9737	0.9682	0.9623	0.9560	0.9492
0.3	0.9419	0.9344	0.9265	0.9182	0.9093
0.4	0.9000	0.8903	0.8802	0.8698	0.8592
0.5	0.8484	0.8374	0.8263	0.8151	0.8037
0.6	0.7920	0.7800	0.7678	0.7554	0.7432
0.8	0.6718	0.6603	0.6492	0.6385	0.6281
1.0	0.5703	0.5616	0.5531	0.5448	0.5368
1.2	0.4928	0.4862	0.4797	0.4733	0.4671
1.4	0.4333	0.4281	0.4231	0.4181	0.4133

附表 22 作为吸附物质分子的截面积

分子	t/℃	分子截面积	
		σ/nm^2	$\sigma/\text{Å}^2$
氩 Ar	−195，−183	0.138	13.8
氢 H_2	−183~−135	0.121	12.1
氮 N_2	−195	0.162	16.2
氧 O_2	−195，−183	0.136	13.6
正丁烷 C_4H_{10}	0	0.446	44.6
苯 C_6H_6	20	0.430	43.0

附表 23 不同温度下水和乙醇的折射率[①]

t/℃	纯水	99.8%乙醇	t/℃	纯水	99.8%乙醇
14	1.33348		34	1.33136	1.35474
15	1.33341		36	1.33107	1.35390
16	1.33333	1.36210	38	1.33079	1.35306
18	1.33317	1.36129	40	1.33051	1.35222
20	1.33299	1.36048	42	1.33023	1.35138
22	1.33281	1.35967	44	1.32992	1.35054
24	1.33262	1.35885	46	1.32959	1.34969
26	1.33241	1.35803	48	1.32927	1.34885
28	1.33219	1.35721	50	1.32894	1.34800
30	1.33192	1.35639	52	1.32860	1.34715
32	1.33164	1.35557	54	1.32827	1.34629

① 相对于空气；钠光波长 589.3nm。

附表 24 一些有机化合物的折射率及温度系数

化合物	n_D^{15}	n_D^{20}	n_D^{25}	$10^5 \times \dfrac{dn}{dt}$
四氯化碳 CCl_4	1.4631	1.4603	1.459	−55
三溴甲烷 $CHBr_3$	1.6005			−57
三氯甲烷 $CHCl_3$	1.4486	1.4456		−59
二碘甲烷 CH_2I_2	1.7443			−64
甲醇 CH_4O	1.3306	1.3286	1.326	−40
乙醇 C_2H_6O	1.3633	1.3613	1.359	−40
丙酮 C_3H_6O	1.3616	1.3591	1.357	−49
正丁酸 $C_4H_8O_2$		1.3980	1.396	
溴苯 C_6H_5Br	1.5625	1.5601	1.557	−48
氯苯 C_6H_5Cl	1.5275	1.5246		−58
碘苯 C_6H_5I	1.6230			−55
苯 C_6H_6	1.5044	1.5011	1.498	−66
正丁酸乙酯 $C_6H_{12}O_2$		1.4000		
甲苯 C_7H_8	1.4999	1.4969	1.4941	−57
甲基环己烷 C_7H_{14}	1.4256	1.4231	1.421	−47
2,2,4-三甲基戊烷 C_8H_{18}		1.3915	1.389	
二硫化碳 CS_2	1.6319	1.6280		−78

附表 25 一些元素和化合物的磁化率

无机物	T/K	质量磁化率		摩尔磁化率	
		①	②	③	④
Ag	296	−0.192⑤	−2.41	−19.5	−2.45
Cu	296	−0.0860	−1.081	−5.46	−0.0686
$CuBr_2$	292.7	3.07	38.6	685.5	8.614
$CuCl_2$	289	8.03	100.9	1080.0	13.57
CuF_2	293	10.3	129	1050.0	13.19
$Cu(NO_3)_2 \cdot 3H_2O$	293	6.5	81.7	1570.0	19.73
$CuSO_4 \cdot 5H_2O$	293	5.85	73.5	1460.0	18.35
			74.4		
$FeCl_2 \cdot 4H_2O$	293	64.9	816	12900.0	162.1
$FeSO_4 \cdot 7H_2O$	293.5	40.28	506.2	11200.0	140.7
H_2O	293	−0.720	−9.05	12.97	0.163
$Hg[Co(CNS)_4]$	293		206.6		
$K_3Fe(CN)_6$	297	6.96	87.5	2290.0	28.78
$K_4Fe(CN)_6$	室温	−0.3739	4.699	−130.0	−1.634
$K_4Fe(CN)_6 \cdot 3H_2O$	室温	−0.3739		−172.3	−2.165
$NH_4Fe(SO_4)_2 \cdot 12H_2O$	293	30.1	378	14500	182.2
$(NH_4)_2Fe(SO_4)_2 \cdot 6H_2O$	293	31.6	397	12400	155.8
			406		
O_2	293	107.8	1355	3449.0	43.34
Pt	293	35.6	12.20		
$NiCl_2$ 水溶液⑥					
CH_3OH	293	−0.688	−8.39	−21.4	−0.2689
C_2H_5OH	293	−0.728	−9.15	−33.60	−0.4222

无机物	T/K	质量磁化率		摩尔磁化率	
		①	②	③	④
C_3H_7OH	293	−0.7518	−9.447	−45.176	−0.5677
$CH_3CH(OH)CH_2$	293	−0.7621	−9.577	−45.794	−0.5755
C_4H_9OH	293	−0.7627	−9.584	−56.536	−0.7105
$(C_2H_5)CH(OH)CH_3$	293	−0.7782	−9.779	−57.683	−0.7249
$(CH_3)_3COH$	293	−0.775	−9.74	−57.42	−0.7216
$(CH_3)_2CHCH_2OH$	293	−0.7785	−9.783	−57.704	−0.7251
$C_5H_{11}OH$	293	−0.766	−9.63	−67.5	−0.848
$C_6H_{13}OH$	293	−0.774	−9.73	−79.20	−0.9953
$C_7H_{15}OH$	293	−0.790	−9.93	−91.7	−1.152
$C_8H_{17}OH$	293	−0.7766	−9.759	−102.65	−1.290

① χ_m 单位(CGSM 制)：$10^{-6}\,cm^3 \cdot g^{-1}$。

② $1\,cm^3 \cdot g^{-1}$(SI 质量磁化率)$=(10^3/4\pi)\,cm^3 \cdot g^{-1}$(CGSM 制质量磁化率)，本栏数据由①按此式换算而得，χ_m 的 SI 单位为 $10^{-9}\,m^3 \cdot kg^{-1}$。

③ χ_M 单位(CGSM 制)：$10^{-6}\,cm^3 \cdot mol^{-1}$。

④ 本栏数据参照注②由③换算而得，χ_M 的单位为 $10^{-9}\,cm^3 \cdot mol^{-1}$。

⑤ 293K。

⑥ $\dfrac{1.26 \times 10^{-4}}{T} \times \dfrac{y}{100} - 9.05 \times 10^{-9}\left(1 - \dfrac{y}{100}\right)$ 式中，T 为热力学温度；y 为 $NiCl_2$ 质量百分数。

附表 26 一些液体的介电常数

化合物	介电常数		温度系数	适用温度范围
	20℃	25℃	a 或 α	℃
四氯化碳 CCl_4	2.238	2.228	0.200②	−20～+60
三氯甲烷 $CHCl_3$	4.806		0.160③	0～50
甲醇 CH_4O	33.62	32.63	0.264③	5～55
乙醇 C_2H_6O		24.35	0.270③	−5～+70
乙酸甲酯 $C_3H_6O_2$		6.68	2.2②	25～40
乙酸乙酯 $C_4H_8O_2$		6.02	1.5②	25
1,4-二氧六环 $C_4H_8O_2$		2.209	0.170②	20～50
吡啶 C_5H_5N		12.3		
溴苯 C_6H_5Br		5.40	0.115③	0～70
氯苯 C_6H_5Cl	5.708	5.621	0.133③	15～30
硝基苯 $C_6H_5NO_2$	35.74	34.82	0.225③	10～80
苯 C_6H_6	2.284	2.274	0.200②	10～60
环己烷 C_6H_{12}	2.023	2.015	0.160②	10～60
正己烷 C_6H_{14}	1.890		1.55②	−10～+50
正己醇 $C_6H_{14}O$		13.3	0.35③	15～35
二硫化碳 CS_2	2.641		0.268②	−90～+130
水 H_2O	80.37	78.54	0.200③	15～30

注：1. 常压；真空介电常数为1。

2. ②为 $a = -10^2 \cdot \dfrac{d\varepsilon}{dt}$。

3. ③为 $\alpha = -10^2 \cdot \dfrac{d(lg\varepsilon)}{dt}$。

附表 27 气相中分子的偶极矩

化合物	偶极矩 μ		化合物	偶极矩 μ	
	CGS	SI[②]		CGS	SI[②]
四氯化碳 CCl_4	0[①]	0[②]	甲酸乙酯 $C_3H_6O_2$	1.93	6.44
三氯甲烷 $CHCl_3$	1.01	3.37	乙酸乙酯 $C_4H_8O_2$	1.78	5.94
甲醇 CH_4O	1.70	5.67	溴苯 C_6H_5Br	1.70	5.67
乙醛 C_2H_4O	2.69	8.97	氯苯 C_6H_5Cl	1.69	5.64
乙酸 $C_2H_4O_2$	1.74	5.80	硝基苯 $C_6H_5NO_2$	4.22	14.1
甲酸甲酯 $C_2H_4O_2$	1.77	5.90	水 H_2O	1.85	6.17
乙醇 C_2H_6O	1.69	5.64	氨 NH_3	1.47	4.90
乙酸甲酯 $C_3H_6O_2$	1.72	5.74	二氧化硫 SO_2	1.6	5.34

① μ 单位 $D = 10^{-18} esu \cdot cm$。

② μ 单位 $10^{-30} C \cdot m$；按 $1D = 3.33564\ C \cdot m$ 换算。

附表 28 相对原子质量

原子序数	名称	符号	相对原子质量	原子序数	名称	符号	相对原子质量
1	氢	H	1.00794	29	铜	Cu	63.546
2	氦	He	4.002602	30	锌	Zn	65.38
3	锂	Li	6.941	31	镓	Ga	69.723
4	铍	Be	9.012182	32	锗	Ge	72.64
5	硼	B	10.811	33	砷	As	74.9216
6	碳	C	12.0107	34	硒	Se	78.96
7	氮	N	14.0067	35	溴	Br	79.904
8	氧	O	15.9994	36	氪	Kr	83.798
9	氟	F	18.9984032	37	铷	Rb	85.4678
10	氖	Ne	20.1797	38	锶	Sr	87.62
11	钠	Na	22.98976928	39	钇	Y	88.90585
12	镁	Mg	24.3050	40	锆	Zr	91.224
13	铝	Al	26.9815386	41	铌	Nb	92.90638
14	硅	Si	28.0855	42	钼	Mo	95.96
15	磷	P	30.973762	43	锝	Tc	97.9072
16	硫	S	32.065	44	钌	Ru	101.07
17	氯	Cl	35.453	45	铑	Rh	102.90550
18	氩	Ar	39.948	46	钯	Pd	106.42
19	钾	K	39.0983	47	银	Ag	107.8682
20	钙	Ca	40.078	48	镉	Cd	112.411
21	钪	Sc	44.955912	49	铟	In	114.818
22	钛	Ti	47.867	50	锡	Sn	118.710
23	钒	V	50.9415	51	锑	Sb	121.760
24	铬	Cr	51.9961	52	碲	Te	127.60
25	锰	Mn	54.938045	53	碘	I	126.90447
26	铁	Fe	55.845	54	氙	Xe	131.293
27	钴	Co	58.933195	55	铯	Cs	132.9054519
28	镍	Ni	58.6934	56	钡	Ba	137.327

原子序数	名称	符号	相对原子质量	原子序数	名称	符号	相对原子质量
57	镧	La	138.90547	83	铋	Bi	208.9804
58	铈	Ce	140.116	84	钋	Po	208.9824
59	镨	Pr	140.90765	85	砹	At	209.9871
60	钕	Nd	144.242	86	氡	Rn	222.0176
61	钷	Pm	145	87	钫	Fr	223
62	钐	Sm	150.36	88	镭	Re	226
63	铕	Eu	151.964	89	锕	Ac	227
64	钆	Gd	157.25	90	钍	Th	232.03806
65	铽	Tb	158.92535	91	镤	Pa	231.03588
66	镝	Dy	162.500	92	铀	U	238.02891
67	钬	Ho	164.93032	93	镎	Np	237
68	铒	Er	167.259	94	钚	Pu	244
69	铥	Tm	168.93421	95	镅	Am	243
70	镱	Yb	173.054	96	锔	Cm	247
71	镥	Lu	174.9668	97	锫	Bk	247
72	铪	Hf	178.49	98	锎	Cf	251
73	钽	Ta	180.94788	99	锿	Es	252
74	钨	W	183.84	100	镄	Fm	257
75	铼	Re	186.207	101	钔	Md	258
76	锇	Os	190.23	102	锘	No	259
77	铱	Ir	192.217	103	铹	Lr	262
78	铂	Pt	195.084	104	𬬻	Rf	261
79	金	Au	196.966569	105	𬭊	Db	262
80	汞	Hg	200.59	106	𬭳	Sg	266
81	铊	Tl	204.3833	107	𬭛	Bh	264
82	铅	Pb	207.2				

参考文献

[1] 印永嘉. 物理化学简明手册. 北京：高等教育出版社，1988.

[2] Weasst R C. CRC Handbook of Chemistry and Physics. 66th. Boca Raton：CRC Press. 1985.

[3] 国际纯粹化学与应用化学联合会物理化学符号、术语和单位委员会. 物理化学中的量、单位和符号. 漆德瑶，等译. 北京：科学技术文献出版社，1991.

[4] 复旦大学，等. 物理化学实验. 北京：高等教育出版社，2004：367.

[5] Jordan T E. Vapor Pressure of Organic Compounds. New York：Interscience Publishers，Inc，1954.

[6] 复旦大学，等. 物理化学实验. 北京：高等教育出版社，2004：370.

[7] The International Critical Tables of Numerical Data，Physics，Chemistry and Technology. Vol Ⅱ：27.

[8] 徐光宪，王祥云. 物质结构. 第2版. 北京：高等教育出版社，1987：459.

[9] 日本化学会. 化学便览(基础编). 第3版. 东京：丸善株式会社，1975.Ⅱ-515.

[10] 复旦大学，等. 物理化学实验. 第3版. 北京：高等教育出版社，2004.